Lars Schäfer

30 Minuten

Emotionales Verkaufen

Bibliografische Information der Deutschen Nationalbibliothek

Die Deutsche Nationalbibliothek verzeichnet diese Publikation in der Deutschen Nationalbibliografie; detaillierte bibliografische Daten sind im Internet über http://dnb.d-nb.de abrufbar.

Umschlaggestaltung: die imprimatur, Hainburg
Umschlagkonzept: Martin Zech Design, Bremen
Lektorat: Dr. Sandra Krebs, GABAL Verlag GmbH, Offenbach
Satz: Zerosoft, Timisoara (Rumänien)
Druck und Verarbeitung: Salzland Druck, Staßfurt

Hinweis:
Das Buch ist sorgfältig erarbeitet worden. Dennoch erfolgen alle Angaben ohne Gewähr. Weder der Autor noch der Verlag können für eventuelle Nachteile oder Schäden, die aus den im Buch gemachten Hinweisen resultieren, eine Haftung übernehmen.

Printed in Germany

ISBN 978-3-86936-564-0

In 30 Minuten wissen Sie mehr!

Dieses Buch ist so konzipiert, dass Sie in kurzer Zeit prägnante und fundierte Informationen aufnehmen können. Mithilfe eines Leitsystems werden Sie durch das Buch geführt. Es erlaubt Ihnen, innerhalb Ihres persönlichen Zeitkontingents (von 10 bis 30 Minuten) das Wesentliche zu erfassen.

Kurze Lesezeit

In 30 Minuten können Sie das ganze Buch lesen. Wenn Sie weniger Zeit haben, lesen Sie gezielt nur die Stellen, die für Sie wichtige Informationen beinhalten.

- Alle wichtigen Informationen sind blau gedruckt.

- Schlüsselfragen mit Seitenverweisen zu Beginn eines jeden Kapitels erlauben eine schnelle Orientierung: Sie blättern direkt auf die Seite, die Ihre Wissenslücke schließt.

- *Zahlreiche Zusammenfassungen innerhalb der Kapitel erlauben das schnelle Querlesen.*

- Ein Fast Reader am Ende des Buches fasst alle wichtigen Aspekte zusammen.

- Ein Register erleichtert das Nachschlagen.

Inhalt

Vorwort

Als ich 2005 meine Trainerausbildung beendet hatte, machte ich mich auf die Suche nach einem Thema, das mich wirklich bewegt. Zwar war ich jahrelang selbst Verkäufer im Außendienst gewesen und hatte alle Höhen und Tiefen erlebt, aber mir fehlte noch der letzte Impuls, mit dem ich als Verkaufstrainer auf den Markt gehen konnte.

Ich besuchte zunächst ein Seminar, in dem die alte und harte Schule des Verkaufens gelehrt wurde. Egal was der Kunde will, es geht um Umsatz, Umsatz, Umsatz. Ohne Rücksicht auf Verluste, Hauptsache, er unterschreibt. Das war nicht mein Ding. So geht man doch nicht mit Menschen um, dachte ich.

Dann fiel mir ein Buch in die Hände, in dem es darum ging, seine Kunden lieben zu müssen. „Sie müssen nicht verkaufen; es reicht, wenn Sie beraten. Stellen Sie einen Sog her, der Kunde kauft dann von ganz allein." Sie und ich wissen es besser: Von ganz allein kauft er nicht, da müssen wir Verkäufer schon noch aktiv werden.

Eines Tages hatte ich ein einschneidendes Erlebnis: In einem Seminar für Mobilfunk-Verkäufer saß ein Teilnehmer, der auf jeden Kundeneinwand eine auswendig gelernte Phrase benötigte, um sicher im Gespräch zu sein. Wir sammelten klassische Einwände wie zum Beispiel: „Darüber muss ich noch mal schlafen." Oder: „Darüber muss ich erst mal mit meiner Frau reden."

Zwei Wochen später habe ich ihn dann vor Ort in seinem Fachmarkt gecoacht und wurde Zeuge eines legen-

dären Verkaufsgesprächs. Als der Kunde am Ende der Beratung nicht wirklich überzeugt schien, versprach er sich auf nie da gewesene Art und Weise: „Darüber muss ich erst mal mit meiner Frau schlafen!“
Der junge Verkäufer bekam den Versprecher gar nicht mit und antwortete voll automatisiert: „Aber das kann ich doch für Sie übernehmen!“
Als der Kunde dann mit breitem Grinsen entgegnete: „Was haben Sie da gesagt?“, platzte ich innerlich vor Lachen. In diesem Moment ist ihm sein Versprecher nämlich selbst aufgefallen.
Eine tolle Vorlage für ein unvergessliches Verkaufsgespräch. Nur leider war der junge Verkäufer so verwirrt, dass er nichts mehr auf die Reihe bekam. Er konnte nicht mit seinen Emotionen und vor allem nicht mit denen seines Kunden umgehen. Das war für mich die Initialzündung und 2012 erschien mein erstes Buch *Emotionales Verkaufen – Was Ihre Kunden wirklich wollen*.
Das Buch, das Sie gerade in der Hand halten, ist die Essenz dieser Ideen, das Wesentliche des emotionalen Verkaufens. Es ist für diejenigen geschrieben, die Espresso lieben: stark, kurz und zielführend. Wer darüber hinaus einen leckeren Cappuccino zu schätzen weiß, dem empfehle ich mein erstes Buch mit noch mehr Themen, Übungen und konkreten Beispielen aus der Praxis.

Viel Spaß beim Lesen und maximalen Erfolg wünscht Ihnen
Lars Schäfer

30 MINUTEN

1. Emotionales Verkaufen: Es geht um *sie* und nicht um *Sie*

Wissen Sie, was Ihre Kunden wirklich wollen, was sie von Ihnen erwarten? Sie wollen gute Gefühle, Bedürfnisse befriedigt, Probleme gelöst und Wünsche erfüllt haben. Wer langfristig erfolgreich verkaufen will, muss sich auf seine Kunden (sie!) mit all ihren Sorgen und Hoffnungen einstellen und darf nicht nur sachlich Produktvorteile herunterbeten. Verkaufen funktioniert nicht ohne Emotionen, die Zeiten der aalglatten und harten Verkäufer, die nur an sich selbst denken, sind endgültig vorbei. Aber was genau sind eigentlich Emotionen und wie wirken sie? Lassen Sie uns damit beginnen.

1.1 Wozu Emotionen im Verkauf gut sind

Emotionen sind kurze und häufig intensive Impulse, die unser Gehirn bekommt, wenn wir eine Person oder eine Situation wahrnehmen. Gegen das, was dann in unserem Unterbewusstsein passiert, sind wir im ersten Schritt vollkommen machtlos: Das Gehirn sucht in den Tiefen unserer Erfahrungen nach Situationen, die vergleichbar waren, nach Menschen, die unter Umständen ähnlich ausgesehen haben oder deren Stimme dem Gegenüber ähnelte, und schickt uns in Bruchteilen von Sekunden eine dazu passende Emotion auf unseren inneren Bildschirm, genauer gesagt in unser Bewusstsein. In dieser kurzen Zeitspanne entscheidet sich, ob Sie jemanden sympathisch finden oder nicht, ob Sie vor einer Situation ängstlich zurückschrecken oder ob Sie voller Vertrauen und Tatendrang eine Sache angehen. Je häufiger in ein und derselben Situation oder bei ein und derselben Person diese Emotionen – ob positiv oder negativ – bei Ihnen ausgelöst werden, umso intensiver wird das daraus resultierende Gefühl. Hier grenzen sich die beiden Begriffe „Emotionen" und „Gefühle" voneinander ab: Emotionen sind eher von kurzer Dauer, intensiv und aktivierend, wohingegen Gefühle eine deutlich schwächere Intensität haben, allerdings tiefer und länger anhaltend sind.

Die Wissenschaft hat dieses Thema noch lange nicht zu Ende erforscht, allerdings können wir uns im Rahmen dieses Ratgebers auf eine gemeinsame Sprachgrundlage einigen, um die Begriffe „Emotionen“ und „Gefühle“ voneinander abzugrenzen:

Emotionen sind eher kurz, oberflächlich, intensiv und aktivierend (zum Beispiel Begeisterung, Verliebtheit), Gefühle lang anhaltend, tief und eher passiv und beruhigend (zum Beispiel Zufriedenheit, Liebe, Vertrauen).

Die Grundlage – nicht mehr und auch nicht weniger – für Ihren Verkaufserfolg sind allerdings immer noch das Fachwissen und die Kenntnis Ihrer Produkte. Ohne dieses Fundament können Sie noch so häufig positive Emotionen auslösen: Es wird Ihnen nicht gelingen, dauerhaftes Vertrauen bei Ihren Kunden aufzubauen.
Eine ausführliche Übersicht der verschiedenen Intensitäten von Emotionen finden Sie beispielsweise im Internet unter:
http://arbeitsblaetter.stangl-taller.at/EMOTION/

Einige Beispiele für Emotionen

Hier finden Sie zur Veranschaulichung einige Beispiele für typische Emotionen. Fangen wir mit den negativen an: Da gibt es zum Beispiel Mitleid, Enttäuschung, Angst, Neid, Trauer und Wut. Positive Emotionen sind dagegen zum Beispiel Freude, Sympathie, Stolz, Verliebtheit und Begeisterung.
All diesen Regungen ist gemein, dass sie normalerweise von relativ kurzer Dauer sind. Ja, auch die Verliebtheit

ist eine Emotion, die nicht ewig anhalten kann: Psychologen sind sogar der Ansicht, dass es sich hierbei um einen kurzzeitigen krankhaften Zustand handelt, da wir in solchen Lebensphasen zu Taten imstande sind, die ein Mensch mit gesundem Menschenverstand niemals begehen würde. Im Klartext heißt das, dass wir in einem hochemotionalen Zustand nicht mehr wirklich Herr unserer Sinne sind.
Dieses Befinden sollten Sie bei Ihrem Kunden bitte nicht hervorrufen; es geht vielmehr darum, dauerhaft und positiv im Gedächtnis Ihres Kunden zu bleiben, bei ihm so häufig positive Emotionen auszulösen, dass er mit einem guten Gefühl an Sie denkt und vom Einmal-Kunden zum treuen Stammkunden wird.

Auf positive Emotionen beschränken

Im Verkauf sollten wir uns im Optimalfall auf die positiven Emotionen konzentrieren, wobei das Thema „Verliebtheit" in diesem Zusammenhang eher auf die glühenden Anhänger einer Marke oder eines Unternehmens zutrifft. Natürlich können Sie auch mit negativen Aspekten arbeiten: Achten Sie hierbei bitte noch mehr darauf, dass die Emotionen nicht zu intensiv werden und nicht die Grenzen des guten Geschmacks und des fairen Miteinanders überschreiten. In der Versicherungs- und auch in der Finanzbranche werden häufig negative Impulse ausgelöst, um dem Kunden zu verbildlichen, wie sein Leben aussehen könnte, wenn er zum Beispiel im Alter nicht über genügend finanzielle Mittel verfügt.

Im Sinne des emotionalen Verkaufens ist es jedoch unangebracht und wenig respektvoll, mit der Angst des Kunden zu spielen.

So werden aus Emotionen Gefühle

Stellen Sie sich bitte vor, Sie betreten eine halbe Stunde vor Ladenschluss ein Kaufhaus, das kürzlich noch von der Insolvenz bedroht war. Sie schlendern durch fast menschenleere Gänge und bleiben nach einer Weile vor einem Kleiderständer stehen und stöbern herum. Da hören Sie aus ein paar Metern Entfernung Stimmen:

„Gut, dass gleich Feierabend ist."

„Echt, ich hab´ auch wirklich keine Lust mehr. Aber zum Glück habe ich morgen frei."

„Oh, hast du es gut, ich muss morgen um zehn wieder antanzen."

Sie drehen sich um und sehen zwei Verkäufer, die für diese Abteilung zuständig sind und sich, statt sich in welcher Form auch immer um Sie zu kümmern, in Selbstmitleid ergehen. Damit sorgen sie nicht wirklich für eine positive und zum Kaufen anregende Stimmung.

Sind Sie nun begeistert oder finden Sie diese Verkäufer sympathisch? Nein, Sie werden eher enttäuscht, wenn nicht sogar wütend sein. Und mit diesen negativen Emotionen gehen Sie schließlich nach Hause.

Wenn sich dieser Eindruck, den Sie von dem Kaufhaus gewonnen haben (Ja, leider verallgemeinern wir häufig sehr stark, obwohl es sich hierbei ja nur um zwei von

zum Beispiel einhundert Mitarbeitern gehandelt hat), beim nächsten Besuch durch wenig motivierte Verkäufer bestätigt und Ihr Unterbewusstsein Ihnen außerdem gefunkt hat, dass die Insolvenz ja wohl nicht von ungefähr kommt, verfestigt sich ein tiefes Gefühl der Unzufriedenheit: Sie gehen dort schlichtweg nicht mehr einkaufen.
Ihr Shopping-Erlebnis wäre vollkommen anders gelaufen, wenn einer der Verkäufer sich um Sie gekümmert hätte, Sie sachlich kompetent und sympathisch beraten hätte und womöglich noch freiwillig(!) ins Lager gegangen wäre, um die für Sie passende Größe zu holen. Vielleicht wären Sie sogar begeistert gewesen. Auf jeden Fall würden Sie gern wiederkommen, und hundertprozentig würden Sie zum Stammkunden werden, wenn Sie immer wieder gut behandelt werden würden.

Positive Emotionen schaffen Vertrauen

Für Ihre Verkaufspraxis bedeutet das: Je häufiger Sie bei Ihren Kunden positive Emotionen auslösen, umso tiefer wird die Loyalität, die man Ihnen entgegenbringt, umso häufiger werden Ihre Kunden bei der Auftragsvergabe an Sie denken oder Ihr Ladengeschäft mit fester Kaufabsicht besuchen. Wenn die Kunden Ihnen vertrauen und sich wohlfühlen (das wird im Business-to-Business-Verkauf selten jemand erwähnen), haben sie auch keinen wirklichen Grund, sich anderweitig umzuschauen.

Je häufiger Sie es schaffen, bei Ihren Kunden positive Emotionen auszulösen, umso größer ist Ihre Chance, loyale Kunden zu gewinnen. 30

1.2 Was emotionales Verkaufen bedeutet und was nicht

Wenn Sie den Begriff „emotionales Verkaufen" hören, was verbinden Sie dann damit? Manipulation? Tschakka-Rufe? So erging es jedenfalls einigen Mitarbeitern eines Unternehmens im Vorfeld eines Verkaufstrainings, das ich dort durchführen sollte. Scheinbar hatte allein der Begriff „Emotion" bei den Seminarteilnehmern eine selbige ausgelöst: Einige äußerten Vorurteile, die bis zum Verdacht auf Gehirnwäsche reichten. Andere waren zunächst der Meinung, dass Emotionen nicht in den Geschäftsbereich gehören, da man sich ja dadurch selbst schwächen könnte. Sie können sich vielleicht die Erleichterung der Teilnehmer vorstellen, als ich erklärte, dass es sich hierbei nicht um ein Seminar handelt, bei dem sie lernen, auf glühenden Kohlen zu gehen.

Emotionale Aspekte des Neuromarketings

Solche Bedenken werden zusätzlich noch verstärkt, seit es einen regelrechten Hype um das sogenannte Neuromarketing gibt. Hierbei geht es darum, wie wir die Erkenntnisse aus der Hirnforschung im Verkauf bzw. Marketing anwenden können. Das Thema bietet viele sehr nützliche und für Verkäufer hilfreiche Aspekte und interessant ist es noch dazu. Allerdings wird hier auch häufig übertrieben: Mit Aussagen wie „So finden Sie den Kaufknopf des Kunden!" werden potenzielle Interessenten eher verschreckt und Vorurteile gegenüber allem, was mit Psychologie im Verkauf zu tun hat, unnötig verstärkt. Sie können sicher sein: Es gibt keinen Kaufknopf!

Der Kunde ist ein Mensch und als solcher wesentlich komplexer, als dass wir ihn rastern und sein Kaufverhalten zu 100 Prozent beeinflussen könnten. Wenn wir allerdings die wirklich nützlichen Erkenntnisse des Neuromarketings anwenden und den Kunden als das betrachten und behandeln, was er ist – nämlich als Menschen –, wird aus der möglichen negativen Manipulation eine Form der Manipulation, die den Wünschen des Kunden gerecht wird. Solange Sie nämlich den Menschen nichts aufschwatzen, was sie im Leben nicht brauchen oder was ihnen gar Schaden zufügt, ist es vollkommen in Ordnung und für Ihren Verkaufserfolg unabdingbar, Ihre eigenen Emotionen und die des Kunden in die Waagschale zu werfen.

Emotionales Verkaufen bedeutet, eigene Emotionen wahrzunehmen, zuzulassen und die Emotionen des Kunden in den Mittelpunkt zu stellen.

Falls Sie es noch nicht tun: Bringen Sie ruhig den Mut auf, Ihre ganze Persönlichkeit in Ihr Verkaufsgespräch einzubringen, denn das ist der erste wichtige Schritt, um sich vom Wettbewerb angenehm abzuheben. Es gibt sehr viele Verkäufer, die wenig bis gar nichts von sich preisgeben und dadurch dem Kunden kaum eine Möglichkeit geben, Vertrauen aufzubauen.

Bringen Sie Ihre Persönlichkeit ein

Da es unterschiedliche Auffassungen vom Verkauf gibt, finden Sie bitte Ihren eigenen Weg, der zu Ihnen passt, finden Sie Ihre eigene Einstellung dazu. Als ersten Schritt empfehle ich Ihnen, einmal intensiv über die folgenden Behauptungen nachzudenken:

Bitte bewerten Sie folgende Aussagen über einen Verkäufer auf einer Skala von 0 (= trifft gar nicht zu) bis 10 (= trifft auf jeden Fall zu):

Ein guter Verkäufer ...

... ist ein Jongleur zwischen den Interessen seines Arbeitgebers und seiner Kunden.

0 1 2 3 4 5 6 7 8 9 10

... ist immer mit Anzug und Krawatte bekleidet, ganz gleich, welche Art von Kunden er besucht oder empfängt.

0 1 2 3 4 5 6 7 8 9 10

... führt seine Gespräche hauptsächlich durch Fragen.

0 1 2 3 4 5 6 7 8 9 10

... kann alles verkaufen.

0 1 2 3 4 5 6 7 8 9 10

... kennt seine Produkte in- und auswendig.

0 1 2 3 4 5 6 7 8 9 10

... berät seine Kunden nur.

0 1 2 3 4 5 6 7 8 9 10

Wie auch immer Sie diese Aussagen bewertet haben: Es ist Ihre Meinung, Ihre Einstellung zum Beruf des Verkäufers und Ihre Haltung zum Kunden. Mit welchen Mitteln Sie zum Ziel beziehungsweise zum Auftrag gelangen, entscheiden Sie ganz allein. In Kapitel 2 erfahren Sie, wie Sie etwas über Ihre Außenwirkung herausfinden. Gehen Sie als ganze Persönlichkeit zu Ihren Kunden.

Stellen Sie die Interessen des Kunden in den Mittelpunkt

Auch wenn Ihnen diese Überschrift wie eine Floskel vorkommen mag: In der Praxis sieht es leider häufig anders aus. Wenn Sie sich einmal auf den Internetseiten einiger bekannter und auch weniger bekannter Unternehmen umschauen, finden Sie oft den Satz: „Bei uns steht der Kunde im Mittelpunkt!“ Viele Firmen beherzigen diesen Anspruch auch wirklich, indem sie einen exzellenten Service anbieten, eine für die Zielgruppe verständliche Sprache wählen und den Interessen-

ten klarmachen, was sie davon haben, wenn sie dieses Produkt kaufen oder jene Dienstleistung in Anspruch nehmen.
Sehr häufig jedoch sprechen diese Unternehmen fast ausschließlich von sich selbst, statt den Kunden direkt anzusprechen, benutzen Anglizismen, die nur geübte Englischkenner verstehen, und formulieren in langen, verschachtelten Sätzen, die niemand wirklich versteht. Produkte werden leider oft nur anhand ihrer technischen Merkmale beworben, die lediglich Fachleute verstehen, ohne dass dem Kunden klar wird, was er davon hat, wenn er sie kauft.
Manche Unternehmen haben beispielsweise neben der Produktqualität sehr kompetentes und freundliches Verkaufspersonal, aber wehe Ihnen, Sie haben eine Reklamation oder einen Sonderwunsch. Dann ist es häufig vorbei mit der Kundenorientierung und Sie hören oft einen Satz, der mit „Ja, aber ..." beginnt.
Stellen Sie sich bitte in regelmäßigen Abständen die Frage: „Würde ich selbst bei mir beziehungsweise bei uns kaufen?" Nehmen Sie den Blickwinkel des Kunden ein, wechseln Sie immer wieder mal die Perspektive. Je länger Sie sich in einem bestimmten Verkaufsumfeld befinden, umso größer wird die Gefahr, dass Ihnen der Blick durch die Kundenbrille immer schwerer fällt.

Der Kunde ist der Mittelpunkt

Wenn Sie mit dieser Einstellung in Verkaufsgespräche oder Verhandlungen gehen, wird Ihnen der Erfolg wesentlich leichter fallen. Sie müssen deutlich weniger argumentieren oder sich sogar rechtfertigen und vor allem müssen Sie sich nicht verbiegen oder auswendig gelernte Floskeln von sich geben. Und dann, am Ende des Prozesses, geht es wirklich um Sie: nämlich um Ihren persönlichen Verkaufserfolg.

Bieten Sie Ihren Kunden ein Kauferlebnis

Wenn Sie schon einmal Ihren Neuwagen direkt beim Hersteller abgeholt haben, wissen Sie, was ein Kauferlebnis ist. Die Autobauer ziehen sämtliche Register, um Ihnen einen unvergesslichen Tag und eine große Party mit aufmerksamem Service zu bereiten. Das Ziel hierbei ist natürlich, dass Sie sich Ihr ganzes Leben lang an diesen Tag erinnern und auf diese Weise eine tiefe Beziehung zu dieser bestimmten Automarke aufbauen sollen. Auch hier werden Erkenntnisse aus der Hirnforschung genutzt, um sich beim Kunden positiv und dauerhaft ins Gedächtnis zu bringen.

Allerdings hat dieser Aufwand auch seinen Preis, den sich kleinere Unternehmen und vor allem Sie als einzelner Verkäufer normalerweise nicht leisten können. Und ob die Kunden immer eine solche Show brauchen, sei auch einmal dahingestellt.

Es geht auch ein paar Nummern kleiner: ob es der Kaffee aus dem Vollautomaten ist, ein Lächeln und ein ehrliches Kompliment, Ihre humorvolle Art, ein *kleiner* Gefallen und, und, und ...

Es sind häufig die Kleinigkeiten, die über Erfolg oder Misserfolg im Verkauf entscheiden, selten die großen Marketingkampagnen.

Je mehr positive und bleibende Eindrücke Ihr Kunde nach dem Gespräch mit Ihnen mit nach Hause nimmt, umso besser stehen die Chancen, dass Sie auch zukünftig mit Anfragen und Aufträgen bedacht werden. Dazu braucht es mitunter ein wenig Mut und auch Fantasie. Wie können Sie Ihren Kunden ein positives Kauferlebnis bieten? Denken Sie doch einmal in Ruhe darüber nach.

Emotionales Verkaufen bedeutet, seine eigenen Emotionen wahrzunehmen und zuzulassen und die des Kunden in den Mittelpunkt zu stellen. Es bedeutet allerdings auch, ein gesundes Verkäuferbewusstsein an den Tag zu legen: Sie verdienen Ihr Geld schließlich durch Aufträge. 30

1.3 Wie Sie mit Herz *und* Verstand verkaufen

Wenn Ihnen die Wichtigkeit und die Wirkung der Emotionen im Verkauf bewusst sind, Sie sie gezielt einsetzen und dabei Ihre Gespräche mit gesundem Menschenverstand führen, handeln Sie im Sinne der – wie ich es nenne – „Kopf-Herz-Formel“. Natürlich gehen Sie strategisch vor (Sie wollen und müssen ja schließlich etwas verkaufen), berücksichtigen und beherzigen jedoch dabei, dass es sich bei Ihren Kunden nicht nur um Umsatzbringer, sondern um Menschen mit all ihren Facetten, Gefühlen und Bedürfnissen handelt. Und dem wollen Sie, so gut es geht, gerecht werden. So verkaufen Sie mit Herz *und* Verstand.

Die drei A

Die Kopf-Herz-Formel setzt sich aus drei „A" zusammen:

- Authentizität:
  Seien Sie Sie selbst und spielen Sie Ihren Kunden keine Rolle vor. Auch wenn es niemand direkt ansprechen wird: Es bleibt bei Ihren Gesprächspartnern dieses seltsame Gefühl im Bauch, dass da irgendetwas „nicht stimmt", obwohl vielleicht alles, was Sie sagen, richtig sein mag.
- Achtsamkeit:
  Was will Ihnen Ihr Kunde gerade sagen, verbal und nonverbal? Wie reagiert er auf das, was Sie sagen oder tun? Was ist das wirkliche Kaufmotiv hinter seinen Aussagen? Lernen Sie, zwischen den Zeilen zu lesen und das Unsichtbare sichtbar zu machen.
- Anpassungsfähigkeit:
  Gehen Sie flexibel auf den Kunden und die Situation ein, aber bleiben Sie dabei immer authentisch. Passen Sie sich sprachlich, körpersprachlich und auch von der Denkweise her auf natürliche Art und Weise

dem Gesprächspartner und den Gegebenheiten an, ohne sich zu verstellen.

Zwar kann so der Weg zum Auftrag hin und wieder länger sein, als wenn Sie es auf die harte Tour angehen: Allerdings verdienen Sie sich dadurch dauerhaft treue Kunden, die immer wieder bei Ihnen kaufen werden, weil sie Ihnen vertrauen. Allein dadurch heben Sie sich schon von der Mehrzahl der Mitbewerber ab und werden als angenehm anders als all die anderen wahrgenommen.
In den folgenden Kapiteln geht es genau um diese drei „A“ und darum, was alles dahintersteckt.

Das emotionale Verkaufen lässt sich wie folgt zusammenfassen:

- ***Emotionen sind kurze und intensive Gefühlsregungen, die den Menschen aktivieren.***
- ***Wechseln Sie die Perspektive und nehmen Sie den Blickwinkel des Kunden ein.***
- ***Emotionales Verkaufen bedeutet, seine eigenen Emotionen wahrzunehmen und zuzulassen und die des Kunden in den Mittelpunkt zu stellen. Es bedeutet allerdings auch, ein gesundes Verkäuferverhalten zu entwickeln.***
- ***Verkaufen Sie authentisch, achtsam und anpassend.***
- ***Verkaufen Sie mit Herz und Verstand.***

30 MINUTEN

2. Authentizität: Seien Sie Sie selbst

Auch wenn dieser Begriff fast schon zu einer Modeerscheinung geworden ist, ist er doch eminent wichtig – auch und gerade im Verkauf. Aber was bedeutet es überhaupt, authentisch zu sein?
Laut Definition sind Sie authentisch, wenn Sie echt und ungekünstelt wirken, frei von jeglichen äußeren Einflüssen handeln und Ihrer eigenen Persönlichkeit treu sind.
Hierbei geht es im ersten Schritt um Ihre Wirkung auf Ihr Umfeld. Können Sie immer authentisch sein? Wollen Sie das überhaupt? Und was bringt Ihnen das gerade im Verkauf? Darum geht es auf den kommenden Seiten.

2.1 Prüfen Sie Ihr Selbstbild und Ihr Fremdbild

Authentische Menschen wirken auf andere selbstbewusst, ehrlich und kompetent. Man vertraut ihnen. Im Gegensatz dazu meldet sich bei Verkäufern, die nicht authentisch sind, das Bauchgefühl der Kunden: „Irgendetwas ist hier faul, Vorsicht!" Sie merken unbewusst, wenn etwas „nicht stimmt".
Wechseln Sie doch einmal kurz die Perspektive: Waren Sie auch schon einmal in der Situation, dass der Verkäufer eigentlich alles richtig gesagt und gemacht hat, Sie aber trotzdem ein seltsames Gefühl bei der Sache hatten und nicht gekauft haben? Das könnte daran liegen, dass er in Ihrem Unterbewusstsein negative Emotionen ausgelöst hat, Ihr Gehirn hat Alarmsignale gefunkt aufgrund der Erfahrungen, die Sie in ähnlichen Situationen gemacht haben. Obwohl viele Menschen auf den ersten Blick, in den ersten Minuten eines Gesprächs authentisch wirken und man ihnen alles abnimmt, was sie sagen, bekommt Ihr Unterbewusstsein sämtliche Regungen Ihres Gegenübers mit und kann gespielte Echtheit entlarven.

Kongruenz: Mit sich im Einklang sein

An dieser Stelle ist nämlich die Grenze der Authentizität erreicht: Es geht nicht *nur* um die Außenwirkung, sondern vielmehr um das, was in Ihnen selbst passiert. Die Psychotherapie hat hierfür einen passenden Begriff: Kongruenz.

Wenn Ihr Denken, Fühlen und Handeln übereinstimmen, *wirken* Sie nicht nur authentisch, Sie *sind* es auch. Wenn Sie – aus welchen Gründen auch immer – dem Kunden eine Rolle vorspielen, bekommt er das unbewusst mit. Es gibt selbstverständlich immer wieder Phasen im Berufsleben, in denen man sich zusammenreißen muss, in denen man „mitspielen" muss; aber grundsätzlich sollten Sie in Ihrem Job als Verkäufer aufgehen und gerne mit Menschen zu tun haben. Sollten Sie sich hierfür über längere Zeit verbiegen müssen, weil es absolut nicht Ihrer Persönlichkeit entspricht, führt das unter Umständen zu psychischen Erkrankungen. Und der Verkaufserfolg bleibt ebenfalls aus.

Fangen Sie bei sich selbst an

Ein guter Verkäufer weiß um seine Wirkung auf andere. Daher sollten Sie in regelmäßigen Abständen Ihr Selbstbild (Wie schätze ich mich selbst ein?) mit dem Fremdbild (Wie sehen mich die anderen?) abgleichen. Sie sollten sich auch die Frage stellen, wie Ihre Rolle von außen definiert ist und ob das, was Sie machen, wirklich zu Ihnen passt. Um langfristig erfolgreich zu verkaufen, ist es ebenfalls wichtig, herauszufinden, was Ihre Worte und Taten bei Ihrem Gegenüber auslösen und wie Sie sich mit Ihrer Art zu kommunizieren auf Ihr jeweiliges Umfeld einstellen können, ohne dass Sie sich verbiegen müssen.

Sich und andere besser verstehen

Die erste Möglichkeit, Ihr Selbstbild mit dem Fremdbild abzugleichen, bietet eine sogenannte Persönlichkeitsprofilanalyse, sehr häufig auch „Persönlichkeitstest" genannt. Wobei ich das Wort „Test" als unglücklich formuliert empfinde, denn das würde bedeuten, dass es auch schlechte Ausprägungen gäbe, was definitiv nicht der Fall ist. Jede Eigenschaft hat Vorteile und gleichzeitig auch Begrenzungen: Das hängt vom Zusammenhang und dem jeweiligen Umfeld ab.

Ausgehend davon, dass wir sämtliche Eigenschaften in uns tragen, aber in verschiedensten Ausprägungen ausleben, unterscheiden diese Analysen zum Beispiel Extra- von Introvertiertheit, Personen- von Sachbezogenheit oder Rationalität von Emotionalität. Sie erfahren, welche Eigenschaften Sie auszeichnen und wie diese zu Ihrer Außenwirkung beitragen. Im nächsten Schritt erarbeiten Sie sich, wie Sie sich dahingehend entwickeln können, dass Sie Ihrem jeweiligen Lebensziel näher kommen. Ebenfalls wird deutlich, wie Ihr Gegenüber „tickt". Sie bekommen Informationen darüber, woran Sie die verschiedenen Ausprägungen des anderen erkennen, und erhalten Empfehlungen, wie Sie mit ihnen umgehen können.

Was auch immer bei dieser Analyse für Sie herauskommen mag: Es ist vollkommen in Ordnung! In vielen Punkten werden Sie sich wiederfinden, in einigen anderen wiederum nicht, das ist völlig normal. Die Ergebnisse allerdings entsprechen in den allermeisten Fällen der Realität: Sämtliche Antworten, die Sie auf diese Fragen geben, beruhen auf Erfahrungen, die Sie mit Ihrem Umfeld gemacht, Dingen, die Sie von Ihrem Umfeld über sich selbst gehört haben, und auf Ihrer Selbsteinschätzung. Auch hier spielt sich vieles im Unterbewusstsein ab.

Nehmen Sie an, was zu Ihnen passt

Nicht alles, was in einer solchen Auswertung steht, wird Ihrer Art entsprechen, deshalb schauen Sie genau hin, was zu Ihnen passt, und haben Sie Mut zur Weiterentwicklung Ihrer eigenen Persönlichkeit.
Eine Persönlichkeitsprofilanalyse kann zunächst einmal für Sie selbst sehr sinnvoll und hilfreich sein.

Vorsicht Schublade!

Leider verführt ein solches Instrument häufig dazu, Menschen in Schubladen zu stecken: Ist erst einmal eine bestimmte Ausprägung erkannt, muss der andere doch schulmäßig reagieren. Oft ist das auch der Fall; meistens jedoch sind die Persönlichkeitsstrukturen so komplex, dass es ganz selten die eine richtige Vorgehensweise gibt.
Wenn Sie sich beispielsweise in Ihrer Einschätzung geirrt haben, wenn sich die Situation während des Verkaufsgesprächs plötzlich ändert (die Preisverhandlungen erweisen sich zum Beispiel zäher als gedacht) oder wenn Sie die Ausprägung Ihres Kunden einfach nicht erkennen, nutzt Ihnen das theoretische Wissen allein

nicht viel. Bleiben Sie deshalb wachsam und vertrauen Sie auch und in besonderem Maße Ihrem gesunden Menschenverstand.
Um Ihre eigene Persönlichkeit weiterzuentwickeln, um sich und andere besser zu verstehen und um zu lernen, wie Sie sich auf die jeweiligen Persönlichkeitsausprägungen einstellen können, sind diese Analysen absolut zu empfehlen. Für den Verkauf ist es eine sinnvolle Unterstützung, nicht mehr und nicht weniger.

30 *Um sich selbst und sein Umfeld besser zu verstehen, ist eine Persönlichkeitsprofilanalyse ein sinnvolles und hilfreiches Instrument. Sie unterstützt Sie dabei, Ihr Selbstbild mit Ihrem Fremdbild abzugleichen und Ihre Wirkung auf andere Menschen kennenzulernen.*

2.2 Wie Sie alles über Ihre Außenwirkung erfahren

Es gibt noch eine weit wirksamere und direktere Methode, sich und andere besser zu verstehen.

Vertraute Menschen fragen

Befragen Sie doch Ihr unmittelbares Umfeld nach Ihren Eigenschaften und Fähigkeiten: Fragen Sie Ihren besten Freund/Ihre beste Freundin oder andere Menschen Ihres Vertrauens, was Ihre Stärken sind, wo Sie vielleicht noch „Luft nach oben“ haben, wie Sie auf ihn oder sie wirken. Haben Sie bitte den Mut, diese Fragen zu stellen, Sie bekommen jedes Mal ein Geschenk, nämlich eine wertvolle Meinung. Oder warum fragen Sie nicht gleich Ihre drei Lieblingskunden? Wenn Sie einen geeigneten Moment abpassen, werden Sie einiges Wichtige zu hören bekommen, was Ihnen wirklich weiterhilft, um erfolgreich zu verkaufen.

Hier gilt dasselbe wie bei den Persönlichkeitstests: Nicht alles, was Sie zu hören bekommen, wird zu Ihnen und Ihrer Art passen. Vergleichen Sie diese Hinweise mit Ihrem Selbstbild und entscheiden Sie selbst, was Sie an sich weiterentwickeln wollen und was Ihrer Meinung nach so bleiben soll, wie es ist.

Ich möchte Sie dazu ermutigen, Ihre Persönlichkeit und Ihr Verhalten weiterzuentwickeln; es hilft uns allen, wenn wir regelmäßig einen kleinen Authentizitäts-Check machen.

Fragen, die Sie weiterbringen

Um Ihnen konkrete Möglichkeiten aufzuzeigen, was Sie in welchem Zusammenhang erfragen können, um ein sinnvolles Feedback zu erhalten, habe ich Ihnen einige Beispiele auf den folgenden Seiten zusammengestellt.

Die nachfolgende Liste dient Ihnen als Vorlage. Bitte erstellen Sie mehrere Kopien oder übertragen Sie sie auf Papier, um zunächst eine selbst auszufüllen und danach etwa fünf Bekannte ein Feedback geben zu lassen. Seien Sie dabei in Ihrem eigenen Interesse ehrlich

zu sich selbst und kreuzen Sie Ihre tatsächlichen Eigenschaften an, nicht die, die Sie gerne hätten.
Haben Sie den Mut, darüber hinaus einen oder zwei Ihrer besten und liebsten Kunden zu befragen – das führt häufig zu ganz neuen Ansätzen für Ihr Geschäft. Und holen Sie sich auch Feedback von Menschen ein, die nicht per se wohlwollend sind, die Ihnen etwas kritischer gegenüberstehen. Darin, in diesen speziellen Rückmeldungen, liegt Ihre Chance zur persönlichen Entwicklung.

Bitte bewerten Sie folgende Aussagen auf einer Skala von 0 (= trifft gar nicht zu) bis 10 (= trifft auf jeden Fall zu):

Eigenschaften

Ehrlich?
0 1 2 3 4 5 6 7 8 9 10

Lebhaft?
0 1 2 3 4 5 6 7 8 9 10

Geduldig?
0 1 2 3 4 5 6 7 8 9 10

Zuverlässig?
0 1 2 3 4 5 6 7 8 9 10

Kommunikativ?
0 1 2 3 4 5 6 7 8 9 10

Temperamentvoll?
0 1 2 3 4 5 6 7 8 9 10

Fair?
0 1 2 3 4 5 6 7 8 9 10

Umgang mit Mitmenschen
Einfühlsam?
0 1 2 3 4 5 6 7 8 9 10

Höflich?
0 1 2 3 4 5 6 7 8 9 10

Vertrauensvoll?
0 1 2 3 4 5 6 7 8 9 10

Selbstsicher?
0 1 2 3 4 5 6 7 8 9 10

Optimistisch?
0 1 2 3 4 5 6 7 8 9 10

Kompetent?
0 1 2 3 4 5 6 7 8 9 10

Zurückhaltend?
0 1 2 3 4 5 6 7 8 9 10

Sprache und Sprechen
Angenehme Stimme?
0 1 2 3 4 5 6 7 8 9 10

Angenehme Lautstärke?
0 1 2 3 4 5 6 7 8 9 10

Vielredner?
0 1 2 3 4 5 6 7 8 9 10

Gute Wortwahl?
0 1 2 3 4 5 6 7 8 9 10

Spannende Erzählweise?
0 1 2 3 4 5 6 7 8 9 10

Überzeugend?
0 1 2 3 4 5 6 7 8 9 10

Konfliktfähig?
0 1 2 3 4 5 6 7 8 9 10

Sie können Ihren Partnern alle Fragen stellen, einige streichen oder die Listen mit weiteren Aspekten ergänzen, die Sie gerne über sich wissen möchten.

Wie schon beschrieben: Nehmen Sie an, was zu Ihnen passt und womit Sie sich wohlfühlen. Das Feedback Ihrer Mitmenschen ist sehr wertvoll (ein kleines Dankeschön würde Ihr Umfeld bestimmt freuen) und es lohnt immer, einmal in Ruhe darüber nachzudenken – vor allem wenn andere etwas anders sehen, als Sie es tun. Nehmen Sie die Antworten bitte nicht zu persönlich: Es handelt sich um die Meinung eines Einzelnen und muss nicht immer den Tatsachen entsprechen.

Hier finden Sie ein paar Fragen, die Sie im Anschluss an die vorherige Übung auf dem Weg der Selbstreflexion unterstützen können:

Was werde ich auf jeden Fall beibehalten?

____

Was werde ich ändern oder verbessern?

____

Wer kann mich bei diesem Prozess unterstützen?

____

Woran merke ich, dass sich etwas verändert hat?

____

Je mehr Sie über sich und Ihre Wirkung wissen, umso besser können Sie sich auf Ihr Umfeld einstellen. Haben Sie den Mut, aktiv Feedback einzuholen und daran weiter zu wachsen. Wer gelernt hat, sich selbst zu verstehen, kann sich auch besser in seine Gesprächspartner hineinversetzen. 30

2.3 Wie Sie erkennen, ob Ihr Kunde authentisch ist

Wenn Sie wissen, wie Sie auf Ihr Umfeld wirken, was Ihre eigene Persönlichkeit ausmacht und wie Sie demnach authentisch sind, fällt es Ihnen auch leichter, zu erkennen, ob andere Menschen – zum Beispiel Ihre Kunden – authentisch sind.

Kongruenz lässt sich erkennen

Sie können mit hoher Wahrscheinlichkeit in einem Gespräch erkennen, ob jemand mit sich im Einklang ist, ob er authentisch ist. Alles, was Sie dafür benötigen, ist ein wacher Blick auf die Sprache, Mimik und Gestik Ihres Gegenübers, die Ihnen einiges über ihn und seine Gedankenwelt verraten. Was lässt einen Menschen in Ihren Augen ehrlich wirken, wenn Sie sich noch nicht gut kennen? Woran machen Sie fest, dass Sie ihm vertrauen können? Wie bereits erwähnt, kommt es auf die sogenannte Kongruenz an, die Übereinstimmung von Fühlen, Denken und Handeln. Diese erkennen Sie unter anderem daran, dass das gesprochene Wort mit der Körpersprache, der Mimik und der Gestik harmoniert.

Ihr Unterbewusstsein funktioniert wie Google

Darüber hinaus arbeitet Ihr Unterbewusstsein intensiv für Sie mit: Es sucht in Ihrer Erfahrungswelt nach vertrauenswürdigen „Links“, nach starken Verbindungen in Ihrer Vergangenheit. Je mehr Links es in einem konkreten Kontakt findet und je vertrauenswürdiger diese Verbindungen sind, umso mehr vertrauen Sie Ihrem Gegenüber. Unser Unterbewusstsein hat einen empfindlichen Pegel, wenn es um Widersprüchlichkeiten bei unseren Gesprächspartnern geht. Also: Verlassen Sie sich öfter einmal auf Ihr Bauchgefühl.

Schauen Sie sich folgende Fallbeispiele an und lassen Sie Ihr Gefühl sprechen: Sind diese Menschen authentisch oder nicht?

Beispiel 1: Nachdem Sie Ihrem Kunden den Preis für eine Maschine genannt haben, spricht er die allseits bekannten Worte: „Ihr Wettbewerb liegt aber deutlich darunter!" Dabei schaut er Sie aber nicht an, sondern nestelt an seiner Armbanduhr herum.

Liegen Sie mit Ihrem Preis wirklich so falsch?

Beispiel 2: „Unsere Geschäftsführung hat uns das komplette Budget für sämtliche Maßnahmen dieser Art gestrichen. Da kann ich leider nichts machen ..." Der Kunde schaut Sie dabei an, zieht die Schultern hoch und breitet mit offen sichtbaren Handflächen die Arme aus.

Eine glaubhafte Absage Ihrer Meinung nach?

Lösungsvorschläge

Zu Beispiel 1: Hierbei kann es sich um den klassischen Versuch handeln, Sie im Preis zu drücken, ohne dass tatsächlich ein weiteres Angebot vorliegt. Erfahrungsgemäß reagieren Einkäufer mit festem und offenem Blick auf Angebote, die ihnen zu hoch sind. Das nervös wirkende Nesteln an der Armbanduhr und die Tatsache, dass Ihr Kunde Sie nicht anschaut, als er vom viel besseren Wettbewerbsangebot spricht, kann darauf hindeuten, dass er einfach nur verhandeln will. In sehr seltenen Fällen ist es dem Einkäufer unangenehm, Ihnen diese „schlechte Nachricht" mitzuteilen – allerdings zumeist nur dann, wenn er noch unerfahren in seinem Beruf ist.

Tipp: Stellen Sie Ihrem Kunden Fragen wie zum Beispiel: „Was *genau* bietet denn der Wettbewerb an?" (Welche Ausführung, Variante usw.) Sollten Sie nun noch mehr Widersprüche in seiner Sprache und Körpersprache feststellen, war es wirklich nur ein (schwacher) Versuch, einen besseren Preis herauszuholen. Aber bitte sorgen Sie dafür, dass Ihr Kunde sein Gesicht wahren kann, und stellen Sie ihn nicht bloß. Bleiben Sie lieber freundlich und bestimmt bei Ihrem Preis, stehen Sie verbindlich hinter Ihrem Angebot.

Zu Beispiel 2: Dieser Kunde wird Ihnen zu 99,9 Prozent die Wahrheit sagen. Das, was er sagt, und das, was er körpersprachlich ausdrückt, wirkt nicht gestellt, sondern glaubhaft und kongruent. In diesem Fall hat es einfach nicht funktioniert mit dem gemeinsamen Geschäft, die Beziehungsebene zwischen Ihnen und dem Kunden ist vollkommen intakt, Sie werden Ihre Aufträge schon noch bekommen.

Obwohl Sie anhand der Widersprüche zwischen dem gesprochenen und dem nicht gesprochenen Wort häufig erkennen können, ob Ihr Gesprächspartner authentisch ist, existiert kein Bauplan für unser Gehirn und keine zu 100 Prozent richtige Reaktion auf das Verhalten unserer Kunden.

Die Authentizität eines Verkäufers ist die Grundlage des emotionalen Verkaufens, die das nötige Vertrauen schafft. Authentizität bedeutet, echt, ungekünstelt und glaubwürdig zu wirken und auch zu sein. 30

- ***Gleichen Sie regelmäßig Ihr Selbstbild mit Ihrem Fremdbild ab, denn ein guter Verkäufer weiß um seine Wirkung auf andere.***
- ***Persönlichkeitsprofilanalysen unterstützen Sie dabei, sich selbst und andere besser zu verstehen.***
- ***Seien Sie bitte vorsichtig mit „Interpretations-Schubladen“ und bleiben Sie wachsam.***
- ***Holen Sie sich aktiv Feedback aus Ihrem Umfeld ein, um Ihre eigene Wirkung noch besser kennenzulernen und Ihre Persönlichkeit zu entwickeln.***

30 MINUTEN

3. Achtsamkeit: Machen Sie das Unsichtbare sichtbar

Laut amerikanischen Wissenschaftlern sind 90 Prozent der emotionalen Kommunikation nonverbal. Auch wenn die Zahl nicht wirklich genau sein kann: Sollten Sie nur auf das gesprochene Wort hören und nicht richtig hinschauen, wenn Sie mit Ihren Kunden sprechen, bekommen Sie die meisten Informationen über sie erst gar nicht mit.

Achten Sie daher bitte nicht nur auf die sprachlichen Signale, sondern auch und in besonderem Maße auf die körpersprachlichen: Was will Ihnen Ihr Kunde gerade zwischen den Zeilen mitteilen? Was ist das wirkliche Motiv, das ihn antreiben könnte, bei Ihnen zu kaufen? Was bewirkt das, was Sie ihm erzählen, bei ihm?

Was Sie mit diesen Signalen anfangen können, erfahren Sie in diesem Kapitel.

3.1 Wie Sie kluge Fragen stellen

Jedem noch so unerfahrenen Verkäufer leuchtet es ein, dass man Fragen stellen muss, um dem Kunden das für ihn richtige Produkt zu verkaufen. In der Praxis allerdings sieht es häufig anders aus: Es werden wenige bis überhaupt keine Fragen gestellt! Der Kunde erzählt kurz, was er will, und der Verkäufer bietet ihm etwas x-Beliebiges an, ohne genau zu wissen, ob das wirklich das richtige Produkt ist. Damit der Kunde dann auch wirklich jedes noch so kleine und für ihn eventuell unwichtige Detail kennt, wird er in einem 15-minütigen Monolog zugetextet. Das kann durchaus einmal funktionieren, nur leider führt dieses Verhalten häufig zu Frustrationen beim Kunden und dann zu Reklamationen.

Branchenübergreifende Untersuchungen haben ergeben, dass der optimale Redeanteil eines Verkäufers in einem Gespräch bei maximal 30 Prozent liegen sollte. In manchen Geschäftsbereichen mehr, in anderen weniger. Aber eins ist klar: Allein aufgrund einer vernünftigen und ausführlichen Bedarfsermittlung durch geschicktes Fragen senken Sie Ihren Gesprächsanteil drastisch. Fragen sind wichtig,

- um die Motive des Kunden herauszufinden,
- um den Kunden wirklich zu verstehen,
- um überhaupt Informationen zu bekommen,
- um eine Vielzahl von Reklamationen zu vermeiden,
- um Verkaufsgespräche abzukürzen,

- um Vertrauen aufzubauen und
- um den Kunden zu aktivieren.

Seien Sie neugierig!

Ohne Ihre Neugierde, den Willen, mehr von Ihren Kunden wissen zu wollen, können Sie ihnen ihre wirklichen Wünsche nicht erfüllen, können Sie ihre Emotionen nicht bedienen. Sie wissen dann einfach viel zu wenig. Viel wichtiger, als Fragearten auswendig zu lernen, ist es deshalb, dass Sie sich grundsätzlich für Ihren Kunden als Mensch interessieren und somit den Sinn des Fragens erfasst haben.
Da es genügend Verkaufsratgeber auf dem Markt gibt, die die verschiedenen Frageformen ausführlich behandeln, beschränken wir uns in diesem Kapitel auf die zunächst wichtigste Frage.

Die offene Frage

Die offene Frage, auch W-Frage oder Informationsfrage genannt, wird gestellt, um Informationen über den Kunden und seine Bedürfnisse zu erhalten. Sie wird W-Frage genannt, weil die Fragewörter meistens mit dem Buchstaben W beginnen: *w*as, *w*er, *w*elche, *w*oher, *w*ozu, *w*ohin, in*w*iefern, *w*odurch, *w*omit usw. Der Sinn ist, so viele Informationen wie möglich zu bekommen und den Kunden so gewissermaßen zu „öffnen", denn er kann nicht bloß mit „ja" oder „nein" antworten. Offene Fragen helfen Ihnen auch, verschlossene und einsilbige Gesprächspartner zu aktivieren. Sie sind deshalb so wichtig, weil Sie damit nicht nur den Kunden in den Mittelpunkt stellen und Informationen für ein passgenaues Angebot sammeln, sondern auch das Gespräch steuern.

Vorsicht vor „warum"

Die Fragewörter „wieso", „weshalb", „warum" könnten Ihren Kunden dazu veranlassen, sich rechtfertigen zu müssen, was nicht in Ihrem Interesse sein kann. Fragen Sie doch stattdessen zum Beispiel: „Was hat denn dazu geführt, dass ...?" Es sagt dasselbe aus, ohne den Kunden in die Ecke zu drängen.

Beispielfragen für Ihre Bedarfsermittlung

- „Womit haben Sie bisher gearbeitet?"
- „Welche Marke haben Sie bisher bevorzugt?"
- „Was ist Ihnen wichtig und was nicht?"
- „Was ist der Auslöser für Ihr Interesse?"
- „Was darf sich auf keinen Fall verändern?"
- „Wofür genau brauchen Sie ...?"
- „Was kann/muss besser werden?"
- „Was haben Sie bisher erreicht und was nicht?"
- „Wo bzw. wie haben Sie sich bisher informiert?"
- „Was läuft bei Ihnen momentan am besten?"
- „Wie sehen Ihre Zukunftsplanungen aus?"
- „Welche neuen Produkte planen Sie?"
- „Wie zufrieden sind Sie mit unseren Lieferungen?"
- „Was wollen Sie in jedem Fall erreichen?"
- „Welches Budget steht Ihnen zur Verfügung?"

Ergänzen Sie regelmäßig Ihren persönlichen Fragenkatalog.

Je offener Sie eine Frage gestellt haben, desto länger muss der Kunde nachdenken. Geben Sie ihm diese Zeit, es wird sich für Sie lohnen.
Je mehr offene Fragen Sie stellen, desto weniger müssen Sie fragen. Nun heißt es, die richtigen Schlüsse daraus zu ziehen. Darum werden wir uns auf den kommenden Seiten kümmern.

Fragen sind die Grundlage eines jeden Verkaufsgesprächs, ohne die Sie selten an Ihr Ziel gelangen und loyale und zufriedene Kunden gewinnen. Je überlegter Sie fragen, umso besser sind die Informationen, die Ihr Gesprächspartner Ihnen gibt. Denken Sie dabei bitte an die 30-Prozent-Regel: Lassen Sie den Kunden mehr reden, als Sie es tun.

3.2 Wie aktives Hinhören wirklich funktioniert

Um direkt zum Punkt zu kommen: Das aktive Hinhören ist eine der sichersten vertrauensbildenden Maßnahmen überhaupt. Auch wenn jedem Verkäufer klar ist, was es bewirkt, wird es leider noch viel zu selten in die Tat umgesetzt. Dabei ist es so einfach, den Kunden glücklich zu machen, indem Sie ihm das Gefühl geben, sich *wirklich* für ihn zu interessieren, für ihn und seine Bedürfnisse ein offenes Ohr zu haben.

Für Sie als Verkäufer bedeutet Hinhören erhöhte Konzentration und den Willen zu haben, sich auf den Kunden als Menschen einzulassen.

Verkäufer, die nicht aktiv hinhören, haben sehr häufig auch die Konsequenzen aus ihrem Verhalten zu tragen:

- Sie erhalten den Auftrag nicht, weil sie sich mit dem Kunden nicht einigen können oder einfach nicht wissen, was er will.
- Sie erhalten den Auftrag nicht, weil sie die emotionalen Beweggründe des Kunden nicht in Erfahrung bringen.
- Sie verkaufen oder liefern dem Kunden etwas, das nur auf den ersten Blick seinen Vorstellungen entspricht, und müssen dann eine Stornierung oder Reklamation hinnehmen.

Zuhören ist gut, aktives Hinhören ist besser!

Alle klugen Fragen, die Sie dem Kunden stellen, sind umsonst gewesen, wenn Sie nicht zuhören und die richtigen Schlüsse aus dem Gesagten ziehen. Es geht nicht nur darum, zu erfassen, was der Kunde sagt, sondern auch wie er es sagt. Lernen Sie zwischen den Zeilen zu lesen, lernen Sie auf körpersprachliche Signale zu achten oder: Machen Sie das Unsichtbare sichtbar!

Im Sinne des emotionalen Verkaufens bedeutet das für Sie, die wirklichen emotionalen Beweggründe und Wünsche Ihres Kunden aktiv herauszufiltern.

Was aktives Hinhören bewirkt

Wechseln Sie bitte kurz einmal die Perspektive: Was ruft es bei Ihnen hervor, wenn Sie selbst Kunde sind und man Ihnen wirklich zuhört, wenn Ihnen jemand gegenübersitzt, der aufmerksam auf Sie eingeht? Ihrem Kunden geht es genau wie Ihnen darum, ernst genommen und respektiert zu werden. Zudem fühlt er sich manchmal sogar geschmeichelt.
Aktives Hinhören ist keine Verkaufstechnik, sondern eine grundsätzliche Einstellung und eine Frage des Anstands. Es schafft Vertrauen und eine positive Atmosphäre.

Wie Sie wirklich hinhören

Die Grundvoraussetzung ist, dass Sie wach und präsent sowie sich darüber im Klaren sind, dass das gesprochene Wort allein nicht die ganze Wahrheit ist.
Damit sich die vielen Fragen, die Sie gestellt haben, auch wirklich lohnen, finden Sie hier einige Tipps, wie Sie die Wünsche Ihres Kunden wahrnehmen können:

Achten Sie bitte auf eine offene, dem Kunden zugewandte Körpersprache.

Die Hände sollten sichtbar sein, die Arme locker am Körper hängen (wenn Sie sich gegenüberstehen) und nicht verschränkt sein. Erstens signalisiert das dem Kunden unbewusst, dass Sie für seine Belange offen sind, und es fördert auch Ihre eigene Aufnahmefähigkeit für Informationen.

Halten Sie auf natürliche Art und Weise Blickkontakt zu Ihrem Kunden, vermeiden Sie aber bitte den klassischen „Stierblick".
Ein Gespräch ohne Blickkontakt baut kein Vertrauen auf, zu tiefes In-die-Augen-Schauen hingegen wirkt unnatürlich oder sogar bedrängend.

Lassen Sie den Kunden ausreden.
Manche Zeitgenossen erzählen sehr viel, und das auch noch, ohne einmal Luft zu holen. Hier ist es besonders wichtig, die Konzentration und die Ruhe zu bewahren, die Versuchung, diesem Kunden ins Wort zu fallen, ist sehr groß. Stellen Sie lieber in den Atempausen geschickte Fragen, die wieder zum Thema zurückführen, wenn Ihr Gesprächspartner zu weit ausholt. Zum Beispiel: „Was genau ist dann passiert?" Oder: „Wann genau brauchen Sie denn XY?" Diese Fragen steuern das Gespräch und bringen Sie schneller an Ihr Ziel, als wenn Sie den Sprachfluss harsch unterbrechen würden.
Auch wenn es manchmal schwerfällt: Bleiben Sie konzentriert und lassen sich nicht ablenken. Sie könnten etwas Wichtiges nicht mitbekommen.

Arbeiten Sie mit Zustimmungssignalen beziehungsweise -geräuschen wie zum Beispiel „Mhm" oder „Ach so".
Das signalisiert dem Kunden bei längeren Sprechpassagen, dass Sie noch hinhören und ihm folgen. Vor allen Dingen am Telefon ist das ein wichtiger Punkt, da der Gesprächspartner Sie dabei nun mal nicht sehen kann und nicht weiß, was Sie tun, wenn Sie die ganze Zeit schweigen (was vielleicht auch manchmal besser ist). Allerdings gilt auch hier: Weniger ist mehr. Übertrieben oft und laut eingesetzte Signale wirken aufgesetzt und verwirren Ihr Gegenüber unter Umständen.

Wiederholen Sie das Gesagte mit eigenen Worten.
Dieses Wiederholen (man nennt es auch Paraphrasieren) bewirkt ebenfalls die Sicherheit beim Kunden, dass Sie ihn verstehen oder dass es Ihnen wichtig ist, Ihn zu verstehen. Wenn Sie nicht jeden seiner Sätze noch einmal zusammenfassen, sondern mit Fingerspitzengefühl hin und wieder längere Passagen resümieren, wirkt das ganz natürlich. Zwischendurch können und sollten Sie auch Verständnisfragen stellen, um thematisch am Ball zu bleiben.
Es gibt selbstverständlich keine Garantie dafür, dass Sie wirklich alles richtig mitbekommen, was Ihren Kunden antreibt. Deshalb ist es wichtig, unbedingt zu überprüfen, dass Sie alles richtig verstehen, um die Gefahr von Missverständnissen so gering wie möglich zu halten. Dafür brauchen Sie nur die Worte des Kunden mit Ih-

ren eigenen Worten wiederzugeben, um klarzumachen, was Sie verstanden haben. Entweder wird der Kunde diesen Eindruck bestätigen oder korrigieren, sodass Sie immer auf dem gleichen Wissensstand sind.

Aktives HINhören ist besser, als einfach nur zuzuhören: Sie erfassen, was Ihr Gegenüber wirklich meint, und bauen so Vertrauen auf. Aktives Hinhören ist keine Verkaufstechnik, sondern vielmehr eine grundsätzliche Einstellung im Umgang mit Menschen.

3.3 Individuelle und kreative Kundenansprache

Da wir noch immer beim Thema Achtsamkeit sind: Mit einer achtsamen und individuellen Kundenansprache können Sie von vornherein schon vieles richtig machen und das Verkaufsgespräch in eine Erfolg versprechende Richtung lenken. Sie können den Grundstock für eine angenehme Atmosphäre und für ein positives Kauferlebnis legen, wenn der Kunde sofort merkt, dass Sie an ihm interessiert sind und ihn wirklich wahrnehmen.

Kann ich Ihnen helfen?

Es ist nichts Falsches daran, den Kunden mit „Kann ich Ihnen helfen?“ anzusprechen, aber ist das kundenorientiert oder wertschätzend? Wenn Sie an einem

Samstag durch die Geschäfte der Innenstadt schlendern, schallt Ihnen dieser Satz hundertfach um die Ohren, häufig noch monoton und gestresst. Und hin und wieder wird sogar „die gute Kinderstube" vergessen: Eine freundliche Begrüßung und ein natürliches Lächeln sollten selbstverständlich sein. Ihre Kunden haben es verdient, auf eine freundliche, persönliche und unaufdringliche Art und Weise angesprochen zu werden.

Wenn Sie bereits bei den ersten Worten authentisch, achtsam und anpassend agieren, sind Sie auf dem besten Weg, bei Ihren Kunden Vertrauen aufzubauen. Darüber hinaus macht es Ihnen die Arbeit leichter und die Zeit vergeht wie im Flug, wenn Sie sich darüber Gedanken machen, was der Kunde für ein Typ ist und wie er vermutlich gern angesprochen werden möchte. Wenn Sie den Nerv des Käufers treffen, schaffen Sie sofort eine angenehme Gesprächsatmosphäre, die Ihnen den Verkauf am Ende erleichtern wird.

Auf den folgenden Seiten finden Sie einige Ideen für konkrete Formulierungen, wie Sie Ihre Kunden individuell und kreativ ansprechen können. All diese Beispiele sind in der Praxis erprobt worden und haben in der jeweiligen Situation zum Erfolg geführt. Wenn Ihnen der eine oder andere Satz gefällt, probieren Sie ihn aus. Achten Sie bitte darauf, dass Sie sich damit wohlfühlen (Authentizität) und dass die Ansprache auch zum jeweiligen Kunden passt.

Wie Sie Kunden sachlich und personenbezogen ansprechen

Alternativen zu „Kann ich Ihnen helfen?" oder „Wie kann ich Ihnen helfen?" gibt es wie Sand am Meer, fangen wir doch erst einmal mit ganz allgemeinen, für sämtliche Branchen gültigen und sachlichen Fragen an.

„Was suchen/brauchen Sie denn?"

Wenn der Kunde sich suchend umschaut oder Sie fragend ansieht, ist das eine klassische Alternative.

„Was darf ich Ihnen Gutes tun?" bzw. „Was führt Sie zu uns?"

Hier geben Sie Ihrem Kunden die Gelegenheit, sein Anliegen vorzutragen und Ihnen erste Informationen zu vermitteln. Bei der zweiten Frage kann es Ihnen passieren, dass ein Witzbold mit „Die Straßenbahn!" antwortet. Für Sie die beste Gelegenheit, eine gute Stimmung zu schaffen, indem Sie mit Ihrem Kunden lachen.

„Was darf es denn heute sein?"

Wenn der Kunde schon einmal bei Ihnen war und Sie sich daran erinnern, wird er sich hundertprozentig über eine solche Ansprache freuen.

„Was darf ich Ihnen denn schmackhaft machen?" bzw. „Was darf ich Ihnen denn verkaufen?"

Diese Fragen sind schon etwas offensiver, kommen aber zum Punkt. Mit einem freundlich lächelnden Gesichtsausdruck dabei wird Ihnen niemand deswegen böse sein und das Gespräch verläuft sofort in konkreten Bahnen.

Beispiele aus der Mobilfunkbranche

Manche Branchen allerdings haben Besonderheiten, die Sie bei der aktiven Kundenansprache beachten und ausnutzen sollten. Verbinden Sie sofort die Merkmale und den Nutzen Ihrer Produkte mit der Person, die gerade vor Ihnen steht. Hier kommen ein paar Beispiele aus der Mobilfunkbranche dazu.

„Welches Gerät/Welchen Tarif darf ich Ihnen denn näherbringen?“
Das setzt natürlich voraus, dass der Kunde sich in Ihrer Abteilung genauer umschaut.

„Womit kann ich Sie denn verbinden/vernetzen?“
Ein kleines Wortspiel, das bei Ihrem Kunden Aufmerksamkeit erregen wird. Hierbei helfen Ihnen ein verschmitztes Lächeln und eine Portion Charme.

Auch in Ihrem Bereich gibt es genügend Möglichkeiten, die Produkteigenschaften in die Kundenansprache einzubinden.
Beobachten Sie Ihre Kunden genau und sprechen Sie sie individuell an, um sich bereits bei der Gesprächseröffnung angenehm vom Wettbewerb abzuheben.

Wie Sie Kunden kreativ ansprechen

Um Kunden kreativ und fantasievoll anzusprechen, benötigen Sie eine Portion Mut zum Anderssein und einiges an Einfühlungsvermögen. Der Unterschied zwischen der persönlichen und der kreativen Ansprache ist nicht immer eindeutig: Auch bei der vermeintlich „normalen" Anrede ist hin und wieder Fantasie gefragt. Der eigentliche Unterschied aber ist, dass Sie bei der kreativen Ansprache Ihre Antennen noch mehr auf Ihren Kunden ausrichten sollten, um das Risiko einer „falschen" Begrüßung zu minimieren.

Bringen Sie Ihre Persönlichkeit ins Spiel

Hier zunächst einmal zwei branchenübergreifende Beispiele:

„Womit kann ich Sie zum Lächeln bringen?"

Welches Produkt Sie auch immer verkaufen: Allein mit dieser Frage bringen Sie 90 Prozent Ihrer Kundschaft zum Lächeln. Mit ein wenig Feingefühl in der Stimme und einem natürlichen Lächeln ist die Erfolgschance sehr hoch, dass Sie einen treuen Kunden gewinnen.

„Womit kann ich Sie denn begeistern?"

Wie beim ersten Beispiel auch sprechen Sie hier die Gefühlswelt des Kunden direkt an und strahlen eine ansteckende Aktivität und positive Energie aus.

Auch hier gibt es wieder einige ausgewählte Beispiele aus unterschiedlichen Branchen.

Beispiel aus der TV-/Hi-Fi-Abteilung

„Wie viel Bass brauchen Sie denn?" bzw. „Sie müssen einen erlesenen Musikgeschmack haben, wenn Sie sich für so tolle Lautsprecher interessieren ..."

Stellen Sie sich vor, ein Kunde steht mit einem begeisterten Gesichtsausdruck vor den großen und kostspieligen Lautsprecherboxen. Mit diesen originellen und motivierenden Ansprachen zielen Sie darauf ab, ob diese wahrlich guten und teuren Lautsprecher wirklich für den jeweiligen Musikgeschmack geeignet sind. Sie kümmern sich aktiv darum, dass Ihr Kunde die richtige Wahl trifft, denn das Frustpotenzial bei solch hochwertigen Produkten ist sehr hoch, wenn sie sich im eigenen Wohnzimmer nicht mehr ganz so toll anhören.

Beispiele aus der Modebranche

„Womit wollen Sie sich denn eine Freude bereiten?"
„Womit wollen Sie denn glänzen?"
„Damit fallen Sie bestimmt positiv auf."
„Was wollen Sie sich denn Schönes gönnen?"

Hier sprechen Sie einige Bedürfnisse Ihrer Kundschaft an: auffallen, im Mittelpunkt stehen, Wellness und sich etwas Gutes tun. Motivieren Sie sie, sprechen Sie ihr Mut zu, wenn es nötig scheint, und bestärken Sie sie in ihrem Geschmack und in ihrer Wahl, wenn es angebracht ist.

In der Dessous-Abteilung hörte ich einmal folgende Frage:

„Womit wollen Sie denn heute Ihren Mann überraschen?“
Haben Sie den Mut, es lohnt sich!

Beispiele für Navigationsgeräte

Wofür gibt es Navis? Na klar, zur schnellen und richtigen Zielführung:

„Sind Sie es auch leid, sich ständig zu verfahren?“
„Wollen Sie endlich wirklich sehen, wohin die Reise geht?“
Sie sprechen hierbei direkt die Ärgernisse des Autofahrens an und bieten sofort eine Lösung auf charmant-witzige Art und Weise.

Beispiel aus dem Fotogeschäft

Zum Abschluss etwas sehr Gewagtes: Als ein Kunde in einem Fotogeschäft vor den Digitalkameras stand, näherte sich ihm eine attraktive Verkäuferin von hinten mit den Worten:

„Wie scharf dürfen denn die Fotos sein?“
Die Gedanken sind frei ...

In welcher Branche Sie auch unterwegs sind, ob im Einzelhandel oder im Außendienst: Der Kunde sollte bei der Gesprächseröffnung sofort merken, dass Sie an ihm interessiert sind und dass Sie ihn wahrnehmen.

Die Achtsamkeit ist die Grundlage, um den Kunden wirklich zu verstehen: Lernen Sie, zwischen den Zeilen zu lesen.

- ***Stellen Sie gezielt offene Fragen, um den Kunden zu aktivieren und um die nötigen Informationen zu erhalten.***
- ***Die richtigen Fragen zur rechten Zeit bewahren Sie vor unnötigen Preisdiskussionen und Reklamationen.***
- ***Bauen Sie beim Kunden Vertrauen auf, indem Sie wirklich hinhören und die richtigen Schlüsse daraus ziehen.***
- ***Die richtige Kundenansprache ist einer der wichtigsten Faktoren für Ihren Verkaufserfolg, wenn sie individuell auf den Kunden zugeschnitten ist.***
- ***Verdeutlichen Sie bereits bei der Gesprächseröffnung den Nutzen Ihres Produkts.***

30 MINUTEN

Wie können Sie sich dem Kunden mit Ihrer Sprache und Körpersprache anpassen?

Seite 60

Was macht Ihre Sprache überzeugend?

Seite 63

Wie funktioniert der emotionale Kundennutzen?

Seite 69

4. Anpassungsfähigkeit: Gehen Sie flexibel auf den Kunden ein

Ihre Fähigkeit und Ihr Wille, sich einer Situation anzupassen, bilden die dritte Säule des emotionalen Verkaufens. Seien Sie weiterhin authentisch, achtsam und zeigen Sie sich flexibel, was Ihren Kunden betrifft. Das bedeutet natürlich nicht, ihm nach dem Mund zu reden: Es bedeutet vielmehr, seine Beweggründe zu akzeptieren und zu verstehen, dass es auch noch andere Wahrheiten als Ihre gibt.
In diesem Kapitel geht es um die sprachliche Anpassung an den Kunden, aber auch um die körpersprachliche, die wir zuerst behandeln werden.

4.1 Passen Sie sich Ihrem Kunden sprachlich und körpersprachlich an

Szenen aus der Businesswelt: Der Verkäufer sitzt stark vorgebeugt mit geballten Fäusten am Tisch, während der Kunde sich so weit zurücklehnt, dass er Gefahr läuft, nach hinten wegzukippen. Ein Baumarktverkäufer steht mit verschränkten Armen und gesenktem Kopf einer Kundin gegenüber, die mit munterer Miene wild gestikuliert und dabei laut spricht.

Die Goldmedaille im Synchronschwimmen bekommen beide Paare sicherlich nicht. Aber was würde es denn bewirken, wenn sich die Verkäufer aus den beiden Beispielen auf natürliche Art und Weise der Körpersprache ihres jeweiligen Gegenübers anpassen würden? Wenn der sitzende Verkäufer sich ein wenig mehr zurücklehnte und die Hände nicht zur Faust ballte, sondern offen auf dem Tisch liegen ließe?

Wenn Sie sich an den Anfang des dritten Kapitels erinnern, wird es klar: 90 Prozent der emotionalen Kommunikation verlaufen nonverbal. Unser Unterbewusstsein registriert jede Kleinigkeit und schickt uns dann Emotionen in unser Bewusstsein, die über Kauf und Nichtkauf, Wohlsein und Unwohlsein entscheiden. Je gleichmäßiger und ähnlicher die Körpersprache zwischen zwei kommunizierenden Menschen ist, umso wohler fühlen sich beide.

Die Gefahr dabei ist, dass Sie sich zu sehr darauf konzentrieren und jede Bewegung des Kunden nachahmen, sodass er das Gefühl hat, vor einem Spiegel zu stehen. Das fällt irgendwann unangenehm auf und wirkt dann nicht authentisch, sondern unglaubwürdig. Damit können Sie unter Umständen das vorher erarbeitete Vertrauen Ihres Kunden wieder verlieren.
Nehmen Sie deshalb auf natürliche Weise eine ähnliche Körperhaltung wie Ihr Kunde ein. Vermeiden Sie extreme körpersprachliche Gegensätze: Öffnen Sie sich, wenn Ihr Kunde sich öffnet, und lehnen sich ebenfalls in Ruhe zurück, wenn er es tut. Vielleicht benötigt er ja auch nur kurz Zeit zum Nachdenken und Durchatmen.

Die Sprache als Bindeglied

Die Art und Weise, wie Sie sprechen, beeinflusst ebenfalls die innere Welt des Kunden, ob positiv oder negativ. Wer, wie im Beispiel am Anfang des Kapitels geschildert, deutlich leiser spricht als sein Gegenüber, bewirkt im Unterbewusstsein des Kunden genauso einen befremdlichen Touch wie andersherum: Wenn Sie förmlich brüllen, während Ihr Gesprächspartner eher flüstert, werden Sie ihn eher verschrecken statt überzeugen. Auch wenn diese Beispiele Extreme aufzeigen, so wird doch klar, dass Sie einen Schritt auf Ihren Kunden zugehen sollten, um sich mit ihm im wahrsten Sinne des Wortes zu verstehen.

Das passende Sprechtempo

Gleiches gilt für das Sprechtempo: Niemand würde von einem ostwestfälischen Komödianten wie Rüdiger Hoffmann verlangen, dass er so schnell sprechen soll wie Dieter Thomas Heck. Nur, ein wenig sollte er sich schon beeilen beim Sprechen, damit der Kunde nicht förmlich einschläft beziehungsweise sein Interesse am Gespräch nicht verliert. Als Faustregel gilt: Die Diskrepanz zwischen Kunde und Verkäufer sollte sowohl sprachlich als auch körpersprachlich nicht zu groß werden.

Sie dürfen und sollen natürlich auch weiterhin langsamer sprechen als Ihr Kunde, wenn das Ihrem natürlichen Sprechtempo entspricht.

Sprachniveau und Dialekt

Wie auch immer Sie sprechen, woher Sie auch immer kommen und egal, welchen Bildungsstand Sie haben: Sprechen Sie bitte immer so, dass Ihr Kunde Sie auch wirklich versteht. Das kann Hannoveraner Hochdeutsch sein, das kann hanseatischer Dialekt sein oder rheinländische Mundart: Wichtig ist, was Ihr Kunde versteht, und auch, was in Ihrer jeweiligen Branche üblich ist. Ich finde es sehr sympathisch, wenn ich heraushören kann, aus welcher Gegend jemand kommt – solange ich nicht ständig nachfragen muss, ob er das Gesagte noch einmal wiederholen kann. Gehen Sie mit Ihrem Sprechtempo und Ihrer Rhetorik ein Stück auf den Kunden zu, damit auch er die Möglichkeit bekommt, sich anzupassen.

Halten Sie bitte Maß!

Wenn Sie sich grundsätzlich zu sehr anpassen, könnten Sie in den Augen des Kunden als profillos gelten. Wer seinen Kunden immer nach dem Mund redet, wird schnell unglaubwürdig und das eventuell aufgebaute Vertrauen ist wieder dahin. Finden Sie den Weg, der für Sie *und* für den Kunden passt.

Die sprachliche und körpersprachliche Anpassung ist ein unterschätztes, jedoch sehr wichtiges Element in der Kommunikation und vor allem im Verkauf. Wer sich auf natürliche Art und Weise, ohne sich zu verbiegen, dem Kunden anpasst, flexibel auf ihn und die jeweilige Situation eingeht, hat große Chancen, am Ende den Auftrag zu bekommen beziehungsweise einen treuen Kunden zu gewinnen. 30

4.2 Die überzeugende Sprache

Um nicht nur überzeugend zu wirken, sondern es auch zu sein, hilft Ihnen bei der Preis- und Nutzenargumentation Ihre Sprache: Sie sollte klar und verständlich, positiv und bildhaft sein, damit Sie bei Ihren Kunden dauerhaft in guter Erinnerung bleiben.

Klare Sprache schafft Vertrauen

Kunden verlangen auf ihre Fragen zu Recht Antworten, die verständlich formuliert sind und nicht zu Missver-

ständnissen führen. Schaffen Sie durch eindeutige Wortwahl Fakten und daraus resultierend Emotionen, die zum Kauf führen.
Ein Hindernis auf dem Weg dorthin sind die sogenannten Füll- und Müllwörter, die wir in unserer Sprache mitschleppen. Da wird von „eigentlich ganz günstig" gesprochen oder von „ziemlich hoher Qualität unter gewissen Umständen". Wirken diese Aussagen vertrauenerweckend auf Sie? Nicht wirklich. Diese Blähwörter verwässern Ihre Aussagekraft und Ihre fachliche Kompetenz.

Beispiele für unnötige Weichmacher

- eigentlich, quasi
- normalerweise, in gewisser Weise
- unter gewissen Umständen, eventuell
- meiner persönlichen Meinung nach
- im Grunde genommen
- wie gesagt
- sozusagen
- könnte
- ich würde sagen

Es ist nicht falsch, diese Wörter und Redewendungen zu benutzen, aber wenn Ihr Kunde Sie fragt: „Ist das denn wirklich das richtige Produkt für mich?", antworten Sie der Klarheit und Überzeugungskraft wegen lieber mit: „Ja, das ist genau das richtige Produkt für Sie, weil ..." Jedes Füllwort in Ihrer Antwort würde den

Kunden erneut zum Nachdenken anregen. Deshalb vermeiden Sie Weichmacher, wenn Sie in Ihrer Argumentation überzeugen wollen.
Ein weiterer sprachlicher Unruhestifter ist der Fachjargon: Benutzen Sie so viel Fachjargon wie nötig und so wenig wie möglich.

Die Sprache des Kunden sprechen

Sprechen Sie die Sprache des Kunden, damit er wirklich versteht, was Sie meinen. Viele Menschen fragen aus falsch verstandenem Stolz nicht nach und kaufen etwas Falsches oder verlassen das Geschäft, ohne etwas gekauft zu haben. Das heißt nicht, dass Sie für gängige Begriffe Ersatzwörter suchen sollen: Es geht darum, klarzustellen, dass der Kunde weiß, wovon Sie sprechen.
Dasselbe gilt für Anglizismen, d. h. für die Wörter, die angeblich nur noch in englischer Sprache funktionieren.

Committen Sie sich noch oder einigen Sie sich schon?

Wenn Sie durch die Einkaufsstraßen in Deutschland gehen, fragen Sie sich vielleicht auch hin und wieder, ob das alles noch normal ist, was Sie da in Schaufenstern und auf Aufstellern geschrieben sehen. Gut, an Begriffe wie Display und Flatrate haben wir uns längst gewöhnt, an Sale größtenteils auch. Aber muss eine Bäckerei „Bakery-store“ heißen? Muss der Kaffee zum Mitnehmen „Coffee to go“ genannt werden? Ich habe bereits

ein Schild vor einem Café gesehen, auf dem stand: „Coffee to go. Jetzt auch zum Mitnehmen."
Wenn selbst die Shop- – Verzeihung – Ladeninhaber die Verenglischung veralbern, sollten wir doch einmal überlegen, wie viel davon noch gut ist. In manchen Branchen ist es „in", sich zu committen, statt sich zu einigen; wenn wir allerdings eine für den Kunden verständliche Sprache sprechen wollen, sollten wir mit solchen Sprachkreationen vorsichtig und behutsam umgehen. Alles andere ist wahrlich nicht kundenorientiert.

Positive und zielgerichtete Sprache

Sich einer positiven Sprache zu bedienen, heißt nicht, alles durch die rosarote Brille zu sehen und dabei die Realität schönzureden. Es bedeutet vielmehr, die Aufmerksamkeit eher auf positive Dinge zu richten als auf die negativen. Es bedeutet auch, zielorientiert *und* verbindlich zu formulieren, nach dem Motto: Sag nicht, was nicht geht, sag, was geht!
Stellen Sie sich bitte vor, dass Ihr Kunde Sie fragt: „Können Sie morgen die Ware anliefern?" Sollten Sie das terminlich nicht hinbekommen, könnte Ihre Antwort unter Umständen lauten: „Nein. Das geht nicht." Nun ist es im Verkauf sehr wichtig, Nein sagen zu können – zum Beispiel bei unrealistischen Forderungen –, nur kommt es auch hier auf das „Wie" an:
Ein hartes Nein in der Kommunikation wirkt so ähnlich wie ein Strömungsabriss bei einem Flugzeug: Sie werden wohl nicht abstürzen, aber Sie verlieren deutlich

an Flughöhe und werden Mühe haben, das Gespräch wieder auf das vorherige gute Level zu heben.
In unserem Beispiel klingt Ihre Antwort deutlich positiver, wenn Sie beispielsweise entgegnen: „Wir schaffen das Mittwoch früh, ist das auch noch in Ordnung für Sie?“ Es sagt dasselbe aus, doch der Kunde fühlt sich hierbei nicht zurückgewiesen, die Beziehungsebene bleibt unberührt.
Trotzdem: Zu viel „Schönfärberei“ wirkt unglaubwürdig. Manchmal sind Probleme eben Probleme und keine Herausforderungen, manchmal muss auch Klartext gesprochen werden.

Bildhafte Sprache

Um komplexe und theoretische Zusammenhänge verständlich zu erklären, bietet sich die bildhafte Sprache an. Da unser Gehirn über Bilder funktioniert, können Sie sich diesen Effekt im Verkauf zunutze machen, indem Sie mit plastischen Vergleichen oder Symbolen arbeiten. Sie sprechen damit direkt die rechte Gehirnhälfte des Kunden an (das ist der Teil des Gehirns, in dem Emotionen und Gefühle entstehen) und bleiben so eindrucksvoll und positiv in seinem Gedächtnis.
So können Sie mit einem Bild oder einem Symbol viel besser darstellen, wie zum Beispiel die neuen Solarzellen auf dem Dach funktionieren oder was der Kunde vom neuen Bonussystem hat. Hierfür bieten sich Analogien an. Das sind Bilder, die verschiedene Zusammenhänge in *einen* Zusammenhang stellen. Sie verbinden

ein vielleicht trockenes und sehr technisches Thema mit einem lebendigen Erlebnis, das Ihr Kunde kennt. Dadurch lassen Sie den sprichwörtlichen Film im Kopf Ihres Kunden ablaufen und bringen ihn dazu, Ihre Argumente und Informationen besser zu verstehen.
Bildhafte Sprache funktioniert über Vergleiche mit einfachen und bekannten Dingen. Dabei helfen Ihnen Formulierungen wie „ist wie ...", „ist vergleichbar mit ...", „sieht aus wie ..." usw. Hier zwei Beispiele:

„Mit diesen Laufschuhen haben Sie das Gefühl, barfuß über einen weichen Teppich zu laufen."
Wenn Ihr Kunde über Blasen an den Füßen klagt.

„Mit dieser Dolby-Surround-Anlage ist Fußballschauen im Fernsehen so, als wenn Sie im Stadion in der Loge sitzen."
Wenn Sie Ihren Kunden von den Vorzügen des Raumklangs überzeugen wollen.

Sie bringen hierbei den eigentlichen Inhalt/das ursprüngliche Anliegen in einen zunächst paradoxen Zusammenhang. Wenn Sie die wirklichen Bedürfnisse Ihres Kunden herausgefunden haben, können Sie ihm auf diese Art und Weise den Kauf schmackhaft machen.

Fachwissen ist die Grundlage

Ohne Fachwissen kommen Sie jedoch auch mit der schönsten bildhaften Sprache nicht weit. Nutzen Sie diese also als ein weiteres wichtiges Instrument, um den Kunden zu überzeugen und sich selbst als Persönlichkeit einzigartig zu machen: Ihr Kunde wird Sie immer mit diesen bildhaften Beschreibungen in Verbindung bringen.

Wenn Sie klar, positiv und bildhaft argumentieren, unterstützt Ihre Sprache Sie dabei, das Vertrauen Ihrer Kunden zu gewinnen und dadurch höhere Verkaufserfolge zu erzielen. Stellen Sie nach Möglichkeit immer die positiven Aspekte im Gespräch heraus und vermeiden Sie weitgehend Fachjargon und Anglizismen.

4.3 Kaufauslöser „emotionaler Nutzen"

„Wir bieten Ihnen umfassende Kostentransparenz." Eine sinnvolle und zuweilen richtige Aussage, aber was sagt sie aus? Was genau heißt das für den Kunden?
Es ist mittlerweile wissenschaftlich erwiesen, dass *jedem* Kauf eine Emotion zugrunde liegt, dass jede vermeintlich noch so vernünftige Entscheidung zunächst „durch den Bauch" geht. Auch die rein kostenorientierten Kunden tragen Emotionen in sich: Das kann der Selbsterhaltungstrieb sein, das Belohnungssystem im Gehirn, das sich meldet, oder es können sogar Existenzängste sein, die den Kunden um jeden Prozentpunkt feilschen lassen.

Der Kunde kauft einen Vorteil

Ihre Aufgabe als Verkäufer ist es, genau diese Emotion, diesen Beweggrund für den Kauf herauszufinden. Es geht in erster Linie nicht um Inhaltsstoffe, um technische Finessen oder um Materialbeschaffenheit, es geht um die Frage, was Ihr Kunde davon hat, welchen Nutzen er aus Ihren Produkten zieht.

Sie kommen mit deutlich weniger Aufwand zum Auftrag, wenn Sie es schaffen, ihm seinen emotionalen Spiegel vorzuhalten und seine hintergründigen Bedürfnisse offenzulegen.

Wie Nutzenargumentation funktioniert

„Wir bieten Ihnen umfassende Kostentransparenz, damit Sie jederzeit sehen, wofür Sie Ihr Geld ausgeben."

Dieser Satz klingt doch schon kundenorientierter. Ja, die klassische Nutzenargumentation ist ein alter Hut, der viel zu selten getragen wird. Das heißt, leider enden die meisten Argumentationen beim sachlichen Merkmal, beim technischen Detail, Neudeutsch: Feature.

Was nutzt das den Kunden im Allgemeinen?

Denken Sie bitte zunächst darüber nach, welche positiv zu erwähnenden Merkmale Ihr Produkt oder Ihre Leistung hat, formulieren Sie danach einen Satz wie „Das bedeutet für Sie ..." oder „Das heißt ..." und nennen Sie den Nutzen, den das Produkt für die Kunden im Allgemeinen hat oder haben könnte. Formulieren Sie dabei so konkret wie möglich.

In Kurzform erklären Sie den allgemeinen Nutzen folgendermaßen:

- Mit einem/einer Produkt-Detail/-Eigenschaft/-Merkmal
- Durch einen Verbindungssatz wie: „Das bedeutet ...“, „Das hat den Vorteil ...“
- Mit dem allgemeinen Nutzen für Ihre Kundschaft
- Mit einer Bestätigungsfrage wie zum Beispiel: „Wäre das was für Sie?“, „Ist es das, was Sie wollen?“

Der allseits bekannte Satz „Dadurch sparen Sie Zeit und Geld“ ist sicherlich ein probates Mittel, wenn er denn stimmt; allerdings hören Ihre Kunden dieses Argument so häufig, dass sie es teilweise auch schon nicht mehr hören können. Wie wäre es, wenn Sie stattdessen die Zeitersparnis konkret benennen würden? Das wirkt glaubwürdiger und überzeugender.
Hier zwei Beispiele:

- „Unsere Wäschetrockner benötigen zehn Prozent weniger Trockenzeit. Dadurch schaffen Sie in Ihrer Wäscherei am Tag acht Maschinen mehr.“
- „Diese Waschmaschine braucht nur 30 Liter Wasser pro Waschgang. Das spart Ihnen im Monat circa 250 Liter ein.“

Auch Sie, liebe Leser, sparen Zeit und Geld für noch mehr Kunden, wenn Sie Ihre Hausaufgaben gemacht haben und den Nutzen Ihrer Produkte und Dienstleistungen kennen: Sie müssen erstens nicht so viel argumentieren und verdienen zweitens mehr Geld dadurch, dass Sie Ihren Kunden das für sie richtige Produkt verkaufen. Drittens sparen Sie Geld ein, weil die Gespräche automatisch kürzer werden und Sie sich um den nächsten sehnsüchtig auf Sie wartenden Kunden kümmern können. Ihr größter Vorteil, den Sie aus der emotionalen Nutzenargumentation ziehen können, ist allerdings, dass Sie sich angenehm von anderen Verkäuferkollegen abheben, die nur über Merkmale und technische Feinheiten (versuchen zu) verkaufen. Und das schafft das nötige Vertrauen in Sie und Ihre Produkte.

Wie Sie mit Emotionen arbeiten

„Wir bieten Ihnen umfassende Kostentransparenz, damit Sie jederzeit sehen, wofür Sie Ihr Geld ausgeben. Das bedeutet für Sie, dass Sie nie wieder auf aufwendige Suche nach versteckten Kosten gehen müssen." Dieser fein formulierte Satz mit einem emotionalen und individuellen Nutzen stammt von einem Verkaufsleiter eines Unternehmens, das sich auf Energiemanagement für Vermieter und Großunternehmer spezialisiert hat.

Jeder Mensch hat andere innere Beweggründe, sich für ein und dasselbe Produkt zu entscheiden, seine Motive hinter dem zunächst genannten Motiv sind zumeist viel differenzierter.

Nehmen Sie die Informationen, die Sie durch Ihre Fragen und aktives Hinhören erhalten haben, als Grundlage für Ihre emotionale Nutzenargumentation. Ihr Kunde wird Ihnen wohl selten sagen, wie hervorragend Sie seine inneren Motive herausgefunden haben, aber er wird es Ihnen danken, indem er immer wieder zu Ihnen kommt und bei Ihnen kauft. Mit der emotionalen Nutzenargumentation kommen Sie häufig auch aus ausweglosen Situationen wieder heraus und bekommen den Auftrag so doch noch.

Der emotionale Nutzen kann somit niemals das einzige Verkaufsargument sein, aber er ist der Kaufauslöser.

Die Schritte der emotionalen Nutzenargumentation

Gehen Sie bitte wie folgt vor:

- Produkt-Detail/-Eigenschaft/-Merkmal
- Verbindungssatz wie: „Das bedeutet ...", „Das hat den Vorteil ..."
- Der *allgemeine* Nutzen
- „Für Sie persönlich heißt/bedeutet das ..."
- Der *emotionale* Nutzen
- Die Bestätigungsfrage, zum Beispiel: „Wäre das was für Sie?", „Ist es das, was Sie wollen?"

Halten Sie dem Kunden den emotionalen Spiegel vor, indem Sie die Bestätigungsfrage stellen.

Alternativ: mit dem emotionalen Nutzen einsteigen

Sie können auch mit einem sogenannten Interessewecker einsteigen und den emotionalen Nutzen an den Anfang Ihrer Argumentation stellen: „Lieber Kunde, Sie

sagten beim letzten Besuch, dass Ihnen von Ihren Winkelschleifern jeden Abend die Arme zittern. Ich habe ein Gerät für Sie, bei dem Sie abends garantiert noch Ihrem Golfsport nachgehen können."
Mit dieser Aussage geben Sie ein Versprechen ab, dass Sie das Problem des Kunden lösen werden: Nun müssen natürlich Taten folgen, Ihr Fachwissen ist an dieser Stelle gefragt. Oder lassen Sie ihn das Gerät einfach mal selbst ausprobieren. Das spart überflüssige Worte und ist noch wirksamer.
Hier folgen einige Anregungen, wie Sie den emotionalen Nutzen formulieren könnten. Lassen Sie sich inspirieren und probieren Sie einfach mal etwas Neues aus.

Allgemeines Beispiel aus Industrie und Handel
„Unser 24-Stunden-Service sichert Ihnen eine durchgängige Fertigung ohne Maschinenstillstand. Sie können sich beruhigt auf das Wesentliche konzentrieren."

Beispiel aus dem Kfz-Handel
„Das integrierte Kurvenlicht bedeutet für Sie, dass Sie nachts auf dem Heimweg über die Landstraße ein viel sichereres Gefühl beim Fahren haben, da bei jeder Lenkbewegung die nächste Kurve ausgeleuchtet wird."

Beispiel aus dem Elektrofachmarkt
„Dieser Mobilfunktarif beinhaltet eine Datenflatrate für das EU-Ausland: Sie werden nach Ihren Geschäfts- und Urlaubsreisen nie wieder böse Überraschungen auf der

Telefonrechnung erleben. Das Geld können Sie lieber für leckere Cocktails am Strand ausgeben."

Nutzen versus Rabatt

Je genauer Sie den individuellen Kundennutzen treffen, umso weniger anstrengend werden die Preisverhandlungen. Sobald der emotionale Wert Ihres Produkts für den Kunden steigt, nimmt die Verhandlungsfreude ab. Natürlich werden Sie über den Preis sprechen müssen, allerdings werden dadurch Ihre Gewinnspannen deutlich höher ausfallen.

Anpassungsfähigkeit bedeutet im Sinne des emotionalen Verkaufens, flexibel auf den Kunden und die Situation einzugehen und dabei immer noch authentisch zu sein. 30

- ***Da 90 Prozent der emotionalen Kommunikation nonverbal stattfinden, ist es Erfolg versprechend, sich auch körpersprachlich auf natürliche Weise dem Kunden anzupassen.***
- ***Um überzeugend zu argumentieren, hilft Ihnen eine klare, positive und bildhafte Sprache.***
- ***Sprechen Sie mehr über den tatsächlichen Nutzen als über technische Details, die der Kunde nicht wissen will.***
- ***Eine gute emotionale Nutzenargumentation baut schwierigen Preisverhandlungen vor.***

30 MINUTEN

5. Der emotionale Abschluss: So beenden Sie das Verkaufsgespräch

Auch wenn emotionales Verkaufen bedeutet, die Emotionen und Wünsche des Kunden in den Mittelpunkt zu stellen, so haben Sie als Verkäufer das Recht und sich selbst und Ihrem Arbeitgeber gegenüber auch die Pflicht, ein Verkaufsgespräch verbindlich abzuschließen und eine Abschlussfrage zu stellen, die im Idealfall zum Auftrag führt.
Es geht darum, Verbindlichkeit herzustellen: Entweder Sie erhalten eine Bestellung beziehungsweise der Kunde kauft sofort oder Sie treffen eine handfeste Vereinbarung für den nächsten Schritt. Denn Sie verdienen ja schließlich Ihr Geld nicht durch nette Gespräche, sondern durch lohnende Verkäufe. Wie Sie ethisch und moralisch einwandfrei zum Abschluss kommen, erfahren Sie in diesem Kapitel.

5.1 Wie Sie Abschlusssignale wahrnehmen

Um ein Geschäft zum Abschluss zu bringen, kommt es einerseits wieder auf Ihre Achtsamkeit an und andererseits auf Ihr Selbstverständnis als Verkäufer, wie oben bereits beschrieben. Fehlen die Acht- und Aufmerksamkeit und eventuell auch der Mut beziehungsweise die Angst vor dem Nein, drehen sich Verkäufer häufig im Kreis.

Vorsicht vor „Overselling"

Der englische Fachbegriff „Overselling" steht sinnbildlich dafür, dass Abschlüsse zerredet werden, obwohl der Kunde doch längst seine Kaufabsicht signalisiert hat. Manche Kunden sagen von sich aus: „Prima, Sie haben mich überzeugt, das machen wir so!", oder geben eindeutige Abschlusssignale zum Besten (wir kommen gleich im Einzelnen dazu), und trotzdem fangen sehr viele Verkäufer noch einmal von vorn an, die Vorzüge des Produkts zu erläutern. Was dann sehr häufig passiert, ist, dass der Kunde entweder anfängt, an seiner eigenen Entscheidung zu zweifeln, oder er schlicht und einfach genervt ist und geht – und zwar ohne gekauft zu haben. Zerreden Sie den Verkaufsabschluss nicht, sondern bestätigen Sie den Kunden in seiner Entscheidung.

Die wenigsten Kunden allerdings sind von Natur aus so redselig und entscheidungsfreudig, sondern benötigen

noch einen letzten Impuls, eine letzte Gewissheit, dass sie auch das Richtige tun.
Ihre Herausforderung als Verkäufer ist es, den richtigen Zeitpunkt für den Abschluss zu finden, d. h. weder zu früh noch zu spät die Abschlussfrage zu stellen, den entscheidenden Satz zu formulieren.
Und wieder ist Ihre Achtsamkeit gefragt: Woran erkennen Sie, wann der Kunde tendenziell zum Kauf bereit ist?

Abschlusssignale erkennen

Abschlusssignale teilen sich grundsätzlich in zwei Kategorien auf: einerseits in verbale Hinweise (das, was der Kunde sagt), andererseits in nonverbale Zeichen (wie er es sagt und körpersprachlich ausdrückt).

- Das eindeutigste sprachliche Signal ist die Detailfrage; stellt der Kunde Ihnen Fragen wie „Wann können Sie liefern?“ oder „Haben Sie das Gerät auch in einer anderen Farbe auf Lager?“, kommt es höchstwahrscheinlich in Kürze zum Auftrag.
- Was die nonverbalen Signale angeht, erkennen Sie die Zustimmung Ihres Gesprächspartners unter anderem daran, dass er sich Ihnen zuwendet, statt sich wegzudrehen, dass er öfters zustimmend mit dem Kopf nickt, dass er eine entspannte Körperhaltung einnimmt, dass er Sie anlächelt und das Produkt oder die Zeichnung des Artikels gar nicht mehr aus der Hand geben will.

30 *Wenn Sie mindestens eine dieser Verhaltensweisen wahrnehmen, ist es so weit:*
Sie können eine sogenannte Abschlusstechnik anwenden. Da wir es aber mit Menschen zu tun haben, sollten wir den Begriff „Technik“ an dieser Stelle vermeiden und ihn durch „Abschlussstrategie“ ersetzen.

5.2 Emotionale Abschlussstrategien, die wirken

In einigen Branchen wird mit der Angst des Kunden gearbeitet, um ihn zum Abschluss zu bringen, in anderen wiederum wird die Uralt-Methode „Ja-Kette“ benutzt, um den Gesprächspartner zu manipulieren. Natürlich sollen Verkäufer ihre Kunden auf mögliche Gefahren und Nachteile hinweisen, aber doch bitte auf respektvolle und wertschätzende Art und Weise. Wenn Sie durch emotionalen Nutzen und bildhafte Sprache einen Sog erzeugen, sodass der Kunde wirklich kaufen will, und Sie dann eine Abschlussfrage stellen, erspart das Ihnen und vor allem Ihrem Gesprächspartner ausgeklügelte und auswendig gelernte Abschlusstechniken und rhetorische Tricks.

Der Idealfall: mit V-Fragen zum Abschluss

Wenn Sie aktiv hingehört haben, wissen Sie nun, was der Kunde braucht und was ihn motiviert, sich für Ihr Produkt zu interessieren. Halten Sie ihm nun den emotionalen Spiegel vor und fragen Sie zu Ihrer Absicherung:

- „Ist es das, was Sie wollen?"
- „Ist das Ihr Traumurlaub?"
- „Meinten Sie das mit ‚effizient arbeiten'?"
- „Ist das die Ausführung, die Sie gesucht haben?"
- „Haben Sie das mit ‚unkomplizierter Zusammenarbeit' gemeint?"
- „Haben Sie sich das so vorgestellt?"

Das alles sind geschlossene Fragen, denn es geht nun nur noch um „Ja" oder „Nein". Es geht um die Entscheidung: Auftrag jetzt oder doch erst morgen? Nennen wir diese Art, geschlossene Fragen zu stellen, doch einfach „V-Fragen", wobei das „V" für „Vorbereitung" steht: Sie bereiten damit die letzte Entscheidungsfrage vor.
Antwortet der Kunde bei diesen Beispielfragen wie erwartet mit „Ja", brauchen Sie nur noch eine einzige Frage zu stellen: die Abschlussfrage.
Zum Beispiel:

- „Wollen wir das so machen?"
- „Soll ich es zur Kasse bringen?"
- „Soll ich es als Geschenk einpacken?"
- „Wohin darf ich denn die Auftragsbestätigung schicken?"
- „Wohin bzw. wann sollen wir liefern?"

Sie dürfen auch gern kreativ und etwas mutig sein. Denken Sie bitte immer daran, dass Einkaufen Spaß machen kann, dass Ihre Kunden sich mit Ihren Produkten eine Freude bereiten. Wenn Sie zum Beispiel Schmuck verkaufen, liegt der folgende Satz doch auf der Hand: „Wollen Sie sich denn nun selbst glücklich machen und diese tolle Uhr mitnehmen?“

Seien Sie wie in der Kundenansprache ruhig auch beim Abschluss kreativ und originell: Der Kunde wird sich auf jeden Fall an Sie erinnern.

Die Vorwegnahmestrategie

Schauen Sie zusammen mit Ihrem Kunden in die Zukunft: Wenn ihm gefällt, was er dort sieht, wird er kaufen.

- „Angenommen, Sie führen unsere Artikel auf Lager: In welchem Turnus soll ich Sie dann besuchen?“
- „Angenommen, Sie sitzen heute Abend im Wohnzimmer vor Ihrem neuen Fernsehgerät: Wie wichtig wäre Ihnen denn dann der Klang?“

Sollte die Antwort auf die erste Frage lauten: „Alle vier Wochen“, ist das eine wunderbare Gelegenheit, eine Abschlussfrage Ihrer Wahl zu stellen, denn Ihre Chancen stehen gut. Wenn an dieser Stelle Einwände oder Fragen kommen, beantworten Sie diese und fragen dann beispielsweise, wann Sie liefern oder ob Sie den Kunden zur Kasse begleiten sollen.

Zusatzverkäufe tätigen

Ganz nebenbei kann diese Strategie auch zu lukrativen Zusatzverkäufen führen: „Angenommen, Sie nehmen diesen Tablet-PC gleich mit: Wie wäre es denn mit einer schicken Tasche dazu, die Ihr wertvolles Gerät schützt?" Sollte der Kunde an dieser Stelle sagen: „Oh ja, was haben Sie denn im Angebot?", ist der PC so gut wie verkauft. Wofür braucht er denn sonst eine solche Tasche?

Die Empfehlungsstrategie

Gerade introvertierten und eher zurückhaltenden Menschen geben Referenzen Sicherheit: „Das Produkt kann ja nicht so falsch sein, wenn der Marktführer es auch benutzt." Besonders in der Dienstleistungsbranche (beispielsweise Werbung, Public Relations, Internet, Verkaufstrainings und Vorträge) sind Referenzen ganz wichtig, da Sie in den seltensten Fällen ein fertiges Produkt auf den Tisch legen können. Es kommt letztendlich darauf an, ob der Kunde Ihnen vertraut oder nicht. Bitte achten Sie hierbei ganz speziell auf klare und eindeutige Formulierungen:

- „Ihre Partnerfirma in ... führt diese Produkte bereits."
- „Wir haben schon viele Projekte dieser Art in Ihrer Branche erfolgreich durchgeführt."
- „Viele Damen wie Sie (bitte vorsichtig und achtsam sein hierbei!) nutzen diese Nachtcreme."

Die Appellstrategie

Bei der Appellstrategie appellieren Sie an die Bedürfnisse, die Ihr Kunde hat: zum Beispiel an den Stolz, an den Drang nach Freiheit, an die Individualität. Seien Sie hierbei bitte besonders achtsam, denn nicht jeder Kunde verträgt Sätze wie:

- „Sie sind doch in der Branche bekannt für ...“
- „Wenn das Jackett *Ihnen* nicht steht, wem dann?“
- „Ihr Unternehmen ist wie geschaffen für eine solch effiziente Fertigungsstraße.“

Kunden fühlen sich gern geschmeichelt; aber bitte nur dann, wenn es auch ehrlich gemeint ist und der Realität entspricht.

Sollte Ihr Gesprächspartner immer noch nicht kaufbereit sein, so könnte dies folgende Gründe haben:

- Sie haben im Vorfeld nicht richtig hingehört und demnach nicht das Richtige angeboten.
- Sie haben richtig hingehört, das Richtige angeboten, aber der Kunde wollte eigentlich nur schauen? Dann haben Sie vielleicht nicht richtig zwischen den Zeilen gelesen und auf seine Körpersprache geachtet ...
- Sie bieten eine Dienstleistung oder ein Produkt an, das der Interessent nicht vorher sehen oder testen kann, und haben es leider noch nicht geschafft, sein Vertrauen zu gewinnen.

Im ersten Fall bedeutet das für Sie: fragen, fragen, fragen. Fangen Sie wieder von vorn an, wenn der Kunde denn die Geduld und die Lust dazu hat.

Im zweiten Fall werden Sie höchstwahrscheinlich nicht so schnell zum Auftrag kommen: Allerdings besteht

auch bei diesen Menschen ein grundsätzliches Kaufinteresse, nur noch nicht *jetzt*. Also hinterlassen Sie einen guten und bleibenden Eindruck, damit der Kunde sich an Sie und Ihr Unternehmen gern erinnert, wenn es so weit ist. Geben Sie ihm alle Informationen, die er braucht, und machen Sie es ihm leicht, sich an Sie zu erinnern.
Der dritte Fall ist eine große Herausforderung für jeden Verkäufer: Diese vorsichtigen Interessenten sollen etwas kaufen, das sie nicht sehen und fühlen können oder das es vielleicht noch nicht einmal gibt.

Die Geld-zurück-Strategie

Das ist häufig die letzte Möglichkeit, einen Auftrag zu bekommen. Bieten Sie dem Kunden an, dass er die Rechnung erst dann bezahlen muss, wenn er hundertprozentig zufrieden ist. Wenn Sie die finanziellen Risiken kalkuliert haben und von Ihrem Produkt überzeugt sind, können Sie diese Methode hin und wieder wagen. Manche Unternehmen, die mit solchen Mitteln arbeiten, kalkulieren das von vornherein in ihre Verkaufspreise ein.
Nutzen Sie diese Möglichkeit bitte nicht zu früh und verschenken Sie so nicht zu viel. Im Zweifelsfall verzichten Sie lieber auf ein Geschäft, das ohnehin keines mehr ist.

Wie auch immer Sie zum Abschluss kommen: Bitte sorgen Sie aktiv dafür, dass es überhaupt einen 30

Abschluss gibt. Fassen Sie das Gesagte, das Vereinbarte und auch das, was noch zu erledigen ist, kurz zusammen: Das schafft Verbindlichkeit und Sicherheit für den Kunden. Und seien Sie sich bitte über eines im Klaren: Sie können und werden nicht jeden Kunden bekommen.

5.3 Die entscheidenden letzten Sätze

Noch stärker als die ersten Worte und Ihre Kundenansprache bleibt das am Schluss Gesagte im Gedächtnis des Kunden; das letzte Gefühl, das er im Gespräch hatte, ist das, was sich am stärksten verfestigen wird. Also sorgen Sie bitte dafür, dass es ein positives Gefühl ist. Ob wir es nun professionelle Verabschiedung nennen oder emotionalen Abschluss: Entscheidend ist, was der Kunde einen Tag später noch mit Ihnen verbindet.

Tipps für die letzten Sätze

- Der wichtigste Tipp zuerst: Bedanken Sie sich mit aufrichtiger und von Herzen kommender Freude für den Auftrag. Der Kunde freut sich und es macht Sie sympathisch.
- Weisen Sie den Kunden auf Neuigkeiten hin: „Beim nächsten Mal stelle ich Ihnen XY vor." Das schafft Neugierde und Sie haben einen Aufhänger für das nächste Gespräch.

- Sie dürfen sich auch gern einmal bei Ihrem Kunden für seine faire Art zu verhandeln bedanken oder ihm deutlich machen, dass es Spaß gemacht hat, mit ihm zu sprechen: „Sie haben mich wirklich gefordert, das hat Spaß gemacht."
- Wenn Sie im Einzelhandel tätig und nicht jeden Tag zur gleichen Zeit vor Ort sind: Geben Sie Ihrem Kunden die Information, wann er Sie antrifft – falls er noch etwas wünscht: „Wenn Sie noch Fragen haben: Ich bin immer von … bis … im Geschäft. Sprechen Sie mich gern wieder an." Das zeigt ihm, dass Sie sich aufrichtig kümmern.
- Auch wenn es mitunter zur Floskel verkommen ist, ist es vollkommen in Ordnung, dem Kunden noch gute Geschäfte oder selbst viele nette Kunden zu wünschen. Solange es ernst gemeint ist und authentisch wirkt, wird er sich darüber freuen.

Schaffen Sie Verbindlichkeit

Schicken Sie Ihrem Kunden doch eine kurze Bestätigungsmail, bedanken Sie sich herzlich für das freundliche, anregende und informative Gespräch und fassen Sie die getroffenen Vereinbarungen noch einmal übersichtlich zusammen. Der Kunde will wissen, woran er ist und was ihn erwarten wird. Nicht nach jedem Besuch, nur dann, wenn es thematisch sinnvoll erscheint, zum Beispiel bei Ihrem Antrittsbesuch bei einem potenziellen Neukunden oder nach der Vereinbarung einer weiteren Zusammenarbeit. Das macht einen guten

und professionellen Eindruck. Der Kunde wird nicht immer darauf reagieren, er wird es allerdings wohlwollend registrieren.
Diese Verbindlichkeit schafft und vertieft das Vertrauen in Sie als Verkäufer, Sie runden das Gespräch hiermit sachlich und emotional ab.

30

Im Sinne des emotionalen Verkaufens sollte der Verkaufsabschluss moralisch vertretbar sein. Wählen Sie eine Abschlussstrategie, die zu Ihnen, dem Kunden und dem Anlass passt und Ihren Gesprächspartner nicht dazu verleitet, etwas zu kaufen, was er nicht will oder nicht gebrauchen kann.

- ***Achten Sie auf die Abschlusssignale, um den richtigen Zeitpunkt für Ihre Abschlussfrage zu erkennen.***
- ***Sorgen Sie immer für einen verbindlichen Gesprächsabschluss.***
- ***Stellen Sie Vorbereitungsfragen (V-Fragen), um den Abschluss einzuleiten.***
- ***Sorgen Sie am Ende des Gesprächs dafür, dass Ihr positiver Eindruck beim Kunden noch verstärkt wird.***
- ***Zeigen Sie zum Beispiel mit einer E-Mail, dass Sie auch nach einem Auftrag noch an Ihren Kunden denken.***
- ***Sie bekommen nicht jeden Kunden. Aber Sie sollten es versuchen.***

Fast Reader

1. Emotionales Verkaufen: Es geht um *sie* und nicht um *SIE*

Emotionales Verkaufen bedeutet, Ihre eigenen Emotionen wahrzunehmen und zuzulassen sowie die des Kunden in den Mittelpunkt Ihrer Bemühungen zu stellen.
Es bedeutet allerdings auch, ein gesundes Verkäuferbewusstsein an den Tag zu legen und den Verkaufsabschluss zu suchen.
Je häufiger Sie es schaffen, bei Ihren Kunden positive Emotionen auszulösen, umso größer ist Ihre Chance, einen loyalen Kunden zu gewinnen.

- ***Emotionen sind kurze und intensive Gefühlsregungen, die den Menschen aktivieren.***
- ***Wechseln Sie die Perspektive und nehmen Sie den Blickwinkel des Kunden ein.***
- ***Verkaufen Sie authentisch (seien Sie Sie selbst), achtsam (Wie tickt mein Gegenüber?) und an-***

passend (flexibel auf den Kunden und die Situation eingehen).

- ***Verkaufen Sie mit Herz und Verstand.***

2. Authentizität: Seien Sie Sie selbst

Die Authentizität eines Verkäufers ist die Grundlage des emotionalen Verkaufens, die das nötige Vertrauen schafft. Authentizität bedeutet, echt, ungekünstelt und glaubwürdig zu wirken und auch zu sein.

30
- ***Gleichen Sie regelmäßig Ihr Selbstbild mit Ihrem Fremdbild ab, denn ein guter Verkäufer weiß um seine Wirkung auf andere.***
- ***Persönlichkeitsprofilanalysen unterstützen Sie dabei, sich selbst und andere besser zu verstehen.***
- ***Seien Sie bitte vorsichtig mit „Interpretations-Schubladen" und bleiben Sie wachsam.***
- ***Holen Sie aktiv Feedback aus Ihrem Umfeld ein, um Ihre eigene Wirkung noch besser kennenzulernen und Ihre Persönlichkeit zu entwickeln.***
- ***Wer gelernt hat, sich selbst zu verstehen, kann sich auch besser in sein Umfeld hineinversetzen.***

3. Achtsamkeit: Machen Sie das Unsichtbare sichtbar

Die Achtsamkeit ist eine Voraussetzung, um den Kunden wirklich zu verstehen: Lernen Sie, zwischen den Zeilen zu lesen, denn häufig sind es versteckte Motive, die den Kunden antreiben.

- ***Stellen Sie gezielt offene Fragen, um den Kunden zu aktivieren und um die nötigen Informationen zu erhalten.***
- ***Die richtigen Fragen zur rechten Zeit bewahren Sie vor unnötigen Preisdiskussionen und Reklamationen.***
- ***Je überlegter Sie fragen, umso besser sind die Informationen, die Ihr Gesprächspartner Ihnen gibt. Denken Sie dabei bitte an die 30-Prozent-Regel: Lassen Sie den Kunden mehr reden, als Sie es tun.***
- ***Bauen Sie beim Kunden Vertrauen auf, indem Sie wirklich hinhören und die richtigen Schlüsse daraus ziehen.***
- ***Die richtige Kundenansprache ist einer der wichtigsten Faktoren für Ihren Verkaufserfolg, wenn sie individuell auf den Kunden zugeschnitten ist.***
- ***Verdeutlichen Sie bereits bei der Gesprächseröffnung den Nutzen Ihres Produkts.***

4. Anpassungsfähigkeit: Gehen Sie flexibel auf den Kunden ein

Anpassungsfähigkeit im Sinne des emotionalen Verkaufens bedeutet, flexibel auf den Kunden und die Situation einzugehen und dabei immer noch authentisch zu sein.

30

- ***Da 90 Prozent der emotionalen Kommunikation nonverbal stattfinden, ist es Erfolg versprechend, sich auch körpersprachlich auf natürliche Weise dem Kunden anzupassen.***
- ***Um überzeugend zu argumentieren, hilft Ihnen eine klare, positive und bildhafte Sprache.***
- ***Vermeiden Sie weitestgehend den Fachjargon und sprechen Sie so, dass Ihr Kunde Sie versteht.***
- ***Nutzen Sie die Tatsache, dass jeder Kaufentscheidung eine Emotion zugrunde liegt.***
- ***Sprechen Sie mehr über den tatsächlichen Nutzen als über technische Details, die der Kunde nicht wissen will.***
- ***Eine gute emotionale Nutzenargumentation baut schwierigen Preisverhandlungen vor.***

5. Der emotionale Abschluss: So beenden Sie das Verkaufsgespräch

Im Sinne des emotionalen Verkaufens sollte der Verkaufsabschluss moralisch vertretbar sein. Wählen Sie eine Abschlussstrategie, die zu Ihnen, dem Kunden und dem Anlass passt und Ihren Gesprächspartner nicht dazu verleitet, etwas zu kaufen, was er nicht will oder nicht gebrauchen kann.

- ***Achten Sie auf die Abschlusssignale, um den richtigen Zeitpunkt für Ihre Abschlussfrage zu erkennen.***
- ***Stellen Sie Vorbereitungsfragen (V-Fragen), um den Abschluss einzuleiten.***
- ***Sorgen Sie immer für einen verbindlichen Gesprächsabschluss und stellen Sie sicher, dass Ihr positiver Eindruck beim Kunden noch verstärkt wird.***
- ***Zeigen Sie zum Beispiel mit einer E-Mail, dass Sie auch nach einem Auftrag noch an Ihren Kunden denken.***
- ***Sie bekommen nicht jeden Kunden. Aber Sie sollten es versuchen.***

Für welche Strategie Sie sich auch immer entscheiden: Der Verkaufsabschluss und der anschließende Auftrag ist das natürliche Resultat Ihrer Bemühungen.

Der Autor

Lars Schäfer (Köln) ist Speaker, Trainer und Experte zum Thema „Emotionales Verkaufen". Nach 15 Jahren Praxis im Innen- und Außendienst ist er seit 2004 selbstständiger Verkaufstrainer und gefragter Redner für den Außendienst, Shopmitarbeiter und Vertriebsingenieure. 2012 kam sein erstes Buch *Emotionales Verkaufen – Was Ihre Kunden wirklich wollen* auf den Markt. Lars Schäfer ist Mitglied der German Speakers Association – GSA.

Kontakt:
Lars Schäfer – LSTrainings
E-Mail: Lars.Schaefer@LSTrainings.de
www.emotionalesverkaufen.de

Bereits bei GABAL erschienen:

Emotionales Verkaufen
Was Ihre Kunden wirklich wollen
Offenbach, GABAL 2012

Auch erhältlich als: E-Book Audio

Weiterführende Literatur

- Brooks, David: Das soziale Tier, Deutsche Verlags-Anstalt, München 2012
- Etrillard, Stéphane: Spitzengespräche im Verkauf, Junfermann Verlag, Paderborn 2004
- Gigerenzer, Gerd: Bauchentscheidungen: Die Intelligenz des Unbewussten und die Macht der Intuition, Goldmann Verlag, München 2008
- Herndl, Karl: Auf dem Weg zum Profi im Verkauf, Gabler Verlag, Wiesbaden 2009
- Kaltenbach, Walter, und Amann, Markus: Was im Verkauf wirklich zählt, Business Village, Göttingen 2009
- Köhler, Hans-Uwe L.: Verkaufen ist wie Liebe, Walhalla u. Praetoria, Berlin 2010
- Löhken, Sylvia: Leise Menschen, starke Wirkung, GABAL Verlag, Offenbach 2012
- Schäfer, Lars: Emotionales Verkaufen – Was Ihre Kunden wirklich wollen, GABAL Verlag, Offenbach 2012
- Schüller, Anne M.: Touchpoints – Auf Tuchfühlung mit dem Kunden von heute, GABAL Verlag, Offenbach 2012

Register